U0521534

鱼缸实验

焦虑爱好者的生存指南

如花大叔

—— 著绘

人民东方出版传媒
People's Oriental Publishing & Media
东方出版社
The Oriental Press

图书在版编目（CIP）数据

鱼缸实验：焦虑爱好者的生存指南 / 如花大叔著绘. 北京：东方出版社，2025. 9. — ISBN 978-7-5207-4490-4

Ⅰ. B842.6-49

中国国家版本馆 CIP 数据核字第 20252LU468 号

鱼缸实验：焦虑爱好者的生存指南
YUGANG SHIYAN：JIAOLÜ AIHAOZHE DE SHENGCUN ZHINAN

作　　者：如花大叔
策划编辑：鲁艳芳
责任编辑：王小语
出　　版：东方出版社
发　　行：人民东方出版传媒有限公司
地　　址：北京市东城区朝阳门内大街166号
邮　　编：100010
印　　刷：华睿林（天津）印刷有限公司
版　　次：2025年9月第1版
印　　次：2025年9月北京第1次印刷
开　　本：880毫米×1230毫米　1/32
印　　张：8
字　　数：237千字
书　　号：ISBN 978-7-5207-4490-4
定　　价：56.00元
发行电话：（010）85924663　85924644　85924641

版权所有，违者必究
如有印装质量问题，我社负责调换，请拨打电话（010）85924602

写给读者的信

你好,我是如花大叔!

作为一名心理咨询师,通常,我是在咨询室、线上会议室与我的来访者面对面谈话。在上述场景里,我可以直接看到对面的人发生了什么,并用我熟悉的专业方式与他互动。

《鱼缸实验——焦虑爱好者的生存指南》这本书的出版为我创造了一种非常新鲜的体验——"我"与"你"在这本书建构的世界里相遇,我却不知道你是谁!这样的不确定感会带给我些许的焦虑。但,如果你读到了这封信,那么此时此刻的你一定正捧着这本书,这是"我"与"你"在不确定的关系中唯一可以确定的内容。为了这份确定感,我要向你表达我由衷的感谢!

"不确定感"往往是焦虑的来源。如何在纷乱多变的时代创造确定感、获得安全感,是这本书要带你去探索的一个重要议题,探索的方式就是实验。这些实验很简单也很安全,就像现在,你捧起这本书,翻到这一页,读到了我写给你的这封信,我们其实就是在合作完成一个关于"创造确定感"的实验。

这本书的与众不同之处还在于,书中除了文字,还有好多漫画角色演绎的小故事。虽然创作这些故事花费了我不少精力,但如果能通过这种形式把抽象、晦涩的心理学变得简单、直观、好玩儿,也是很值得的。这是我的小小心愿,你有收到吗?

波卡小熊　　伊莫先生　　大嘴龙　　包包
Polka Bear　Mr.EMO　　Big Mouth　Bobo

　　另外，对我来说，这本书的创作过程就是一个探索自己潜能的实验。你会在这本书里看见我是如何一边享受一边挣扎，并借由这次宝贵的创作经历完成实验、了解自己的。

　　我还想告诉你一个秘密，书中出现的漫画角色其实是我的分身，比如上面这四个奇怪的家伙，他们每一位都分别代表着我的某些特质。伊莫先生代表的是我的高敏感、易焦虑、喜欢问问题的特质；波卡小熊是个波点控，代表的是我的创造力，她的波点口袋里藏着很多莫名其妙的宝贝；大嘴龙代表的是我的耿直、简单、高冷的特质，他话虽不多，但通常都能说到点子上；包包很理性，咋咋呼呼的，是个现眼包。与这些角色一起工作是一个非常奇妙且充满挑战的过程。一开始我是带有非常强的目的性创造他们的，但随着创作的展开，这些漫画角色渐渐变得鲜活，有了自己的生命，长出了自己的性格。对我而言，这次"角色失控"的经历让我体验到的不仅仅是焦虑，更多的是灵光乍现带给我的意外与惊喜。

在信的最后，我要感谢为这本书提供案例的我的来访者、课程学员和朋友。你也许可以从他们的案例中找到自己的影子，获得启发与力量。这些案例都得到了当事人的使用授权，出于保护隐私的目的，在尊重基本内容不变的前提下，我对关键信息做了修改。

先说这么多吧！很高兴能通过《鱼缸实验——焦虑爱好者的生存指南》这本书与你相遇！愿你在接下来的实验中一点点靠近自己，理解自己，发现自己，越来越喜欢自己！

如花大叔

2025 年 4 月 12 日于北京

目　录

- **实验准备**

  01　私人经验与认知盲区　　003
  02　我和我脑袋里的鱼　　012

- **实验1. 观念篇**

  01　"无意义"的意义　　019
  02　一元真理，多元真理　　021
  03　硬币的两面　　036
  04　建立安全区，去到舒适区　　041
  05　自律，自然而然的节律　　053
  06　拿起来，才能放下　　061
  07　接纳自己的不接纳　　066
  08　自由与限制　　075
  09　追求"自在"的不自在　　081
  10　念头与呼吸　　084

● 实验2.情绪篇

01　脆弱与勇敢　091
02　情绪管理的误区　117
03　眼泪湖　133
04　有请"大姨夫"　148
05　问题故事 & 力量故事　151
06　保持适度焦虑　154
07　对生命说"是"　158

● 实验3.行动篇

01　"国际躺平日"　164
02　反者道之动　167
03　改变的悖论　175
04　反馈系统 & 神秘的第三层　182
05　破筐效应　196
06　大目标 & 微小的行动　205
07　"不执行"的执行力　212
08　空与实　215
09　看见身边的善意　223

● 实验报告

01　我的鱼缸实验报告　226
02　我和我妈　240

可是……读完了又怎样?
万一我读完了这本书,
感觉不值一个亿怎么办?
算了,还是不读了吧!

如果你还没读过
《鱼缸实验》这本书,
就错过了一个亿!

"我脑袋里的鱼是一条'担心鱼'。它习惯生活在熟悉的环境里,做着熟悉的工作,过着重复的生活。直到有一天,我问了它一个问题……"

咔咔!

嘻嘻!

实验准备

小伙子们,你们在水里过得怎么样?

水是什么玩意儿?
这老头儿真可笑……

01 私人经验与认知盲区

这则漫画所讲述的鱼与水的寓言取材于美国作家大卫·福斯特·华莱士2005年的一次演讲。华莱士想通过这则寓言告诉人们：就像鱼不知道水的存在一样，人类其实也是生存在由私人经验建构而成的认知盲区里。

我之所以能读懂这则寓言，并会心一笑，是因为我作为华莱士的同类，比鱼多了一个水之外的视角。鱼存在于自己的私人经验里，而我则生活在鱼的认知盲区里。

虽然作为人类的我比鱼多一个维度，但这并不意味着我比鱼高明多少。如果有一天我遇到一个陌生人，他问我："你在爪子空间（我为我的'认知盲区'随便起的代号）活得好吗？"我会认为这个人一定是在胡言乱语。但谁知道呢？也许我遇到了一位高人，他比我多一个在爪子空间之外的视角，他看着在爪子空间里的我，就像我看着一条在水里的鱼。

嗨，伊莫！

好吧，我承认我的认知就像是一条生活在我脑袋里的鱼，这条鱼被限制在一个看不见的玻璃鱼缸中。

这个"鱼缸"的边界以内是我体验过的世界，我甚至曾一度认为它是我的"真实世界"。但这个我非常相信的"真实世界"只是被我的过去经验**建构**出来，被我的头脑理解并接受的**"私人经验"**，而非世界的全部。如果不能跳出鱼缸，不能用鱼缸之外的视角重新审视鱼、水、鱼缸、鱼缸之外的空间，以及这些元素之间的关系，我就会像鱼一样活在私人经验里而不自知。[①]

重要的事情，
用眼睛是看不见的！

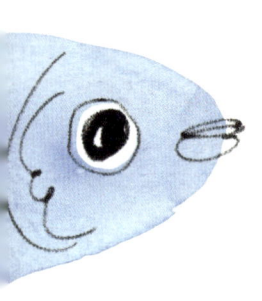

一个人的私人经验，是他对自己的已知世界的理解；一个人的认知盲区，是由他的已知世界和未知世界相互作用而形成的系统。**一个人对未知世界的定义决定了他对已知世界的认知。**

为了帮助你理解上面这段话，我们先来做一个实验：

你认为在这幅对页中一共有几条鱼？

假如，我是说"假如"，这本书的边框就是你的认知边界，边框之内是你已知的"私人经验"，你可以看见左侧的边框伸出一个鱼头，右侧的边框露出一条鱼尾，那么这个边框就为你创造了一个"认知盲区"。你会发现，对于"对页中有几条鱼"这个问题，答案并不是由边框内那些你已知的内容来决定的，而是取决于你对边框及边框内外所形成的"认知盲区"的定义。

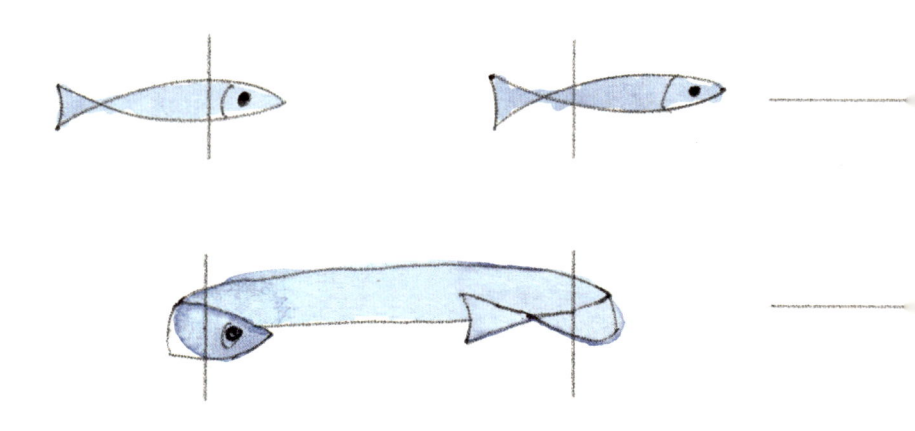

答案 1: 两条鱼。左边的鱼伸出鱼头,鱼尾藏在边框之外;右边的鱼露出鱼尾,鱼头藏在边框之外。

答案 2: 一条鱼。鱼头从边框左侧伸出,鱼尾从边框右侧露出;而看不见的鱼身弯成了半圆形,连接鱼头和鱼尾。

观察者
Observer

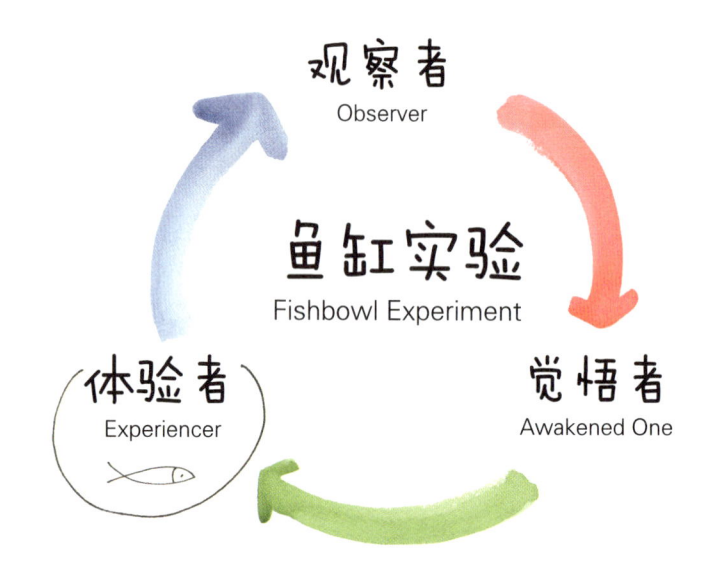

鱼缸实验
Fishbowl Experiment

体验者
Experiencer

觉悟者
Awakened One

作为心理咨询师，我的一项重要工作就是通过咨询谈话，为来访者提供一个跳出"私人经验"的**外部视角**，或者说协助来访者从**问题的体验者**，变成其**所在世界的观察者**，进而成为**生命的觉悟者**，重新建构起一个对当下有益的、新的私人经验。因为来访者的角色转换很像是鱼在鱼缸内外跳进跳出，所以我给这个过程起了个可爱的名字——**鱼缸实验**（Fishbowl Experiment）。

在我看来，生命的本质不过是一场在体验者（鱼缸内）、观察者（鱼缸外）、觉悟者（鱼缸外）之间跳来跳去、循环往复的实验。无论此时此刻你是正忙着拯救世界，还是安静地读着这本书，你要么在鱼缸内，要么在鱼缸外，你所经历的一切都是这场实验的一部分！

请你跟随下面的提示和问题,完成一次鱼缸实验。

体验者:通过行动接触、经历、体验事件

此刻你正在读这段文字,试着用手指触摸这本书的书页,感受纸张的质感;用手捧起这本书,感受书的重量;用鼻子闻一闻书页和油墨自带的气味;翻动书页,用耳朵聆听书页翻动的声音,用眼睛看看书页的颜色、文字、插图……此刻,你是这本书的体验者。

观察者:看见并承认一切的发生

观察感受、情绪——在刚刚做体验者的过程中,你的身体、手指、皮肤有什么感受?你的情绪是怎样的?刚刚,你的鼻子闻到了什么?耳朵听见了什么?眼睛看到了什么?你的呼吸是平稳的还是急促的?你喜欢刚刚这个过程带给你的触觉、嗅觉、听觉、视觉感受吗?

观察念头——此刻,是哪一个念头和你在一起?这个念头给你的身体带来了怎样的感受?

观察环境——现在,抬起头,看看书以外的环境,看看你当下所处的空间,你正在哪里读书?你在用怎样的姿势与这个空间相处?你喜欢这个空间吗?

观察关系——现在你和这本书的心理距离是越来越近了,还是越来越远了?你和你自己的心理距离是越来越近了,还是越来越远了?

觉悟者:反思、调整、选择、决策

通过刚刚体验者与观察者的两个视角,你对这本书有什么发现?你对自己有什么发现?这些发现对你今天的意义是什么?这些发现会给你带来怎样的行动?(注意:没有发现也是一个发现)

我要提醒你的是,"开悟"并不是这个实验的终极目标。因为真实的生活需要你扮演好体验者、观察者、觉悟者这三个角色,但你又不能执着于其中任何一个角色。**你最终要成为创造这场实验的那个人,是实验的主导者!**

02 我和我脑袋里的鱼

曾经,我脑袋里的鱼是一条"担心鱼"。它习惯生活在熟悉的环境里,每天陪着我上班、下班,18年日复一日地做着熟悉的工作,过着重复的生活。

每当我告诉它我过得不开心、想换个活法时,担心鱼总是对我说:"离开熟悉的生活,日子会很艰难!"

直到有一天,我问了担心鱼一个更令我担心的问题:**"如果用现在的方式继续生活十年,我会喜欢十年后的自己吗?"**

担心鱼给出的答案是:**"不会!"**

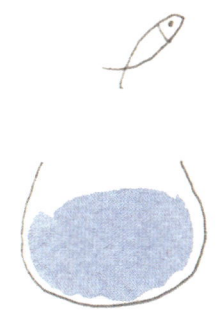

于是，我鼓足勇气，跳出了自己熟悉的生活，进入到一个未知的世界。那次纵身一跃是我今生最大的一次冒险，绝对价值一个亿。写这本书的时候，距离那次跳跃恰好过去了十年，现在我和担心鱼都活得很好。我陪着它在不同的鱼缸里跳来跳去，它陪着我去经历新鲜的事情，结识不一样的人，收获不同的观点，我的故事渐渐变得饱满丰厚，而我也越来越喜欢现在故事中的自己。

如今，鱼和我都有了自己的新名字：它叫好奇鱼！我叫如花大叔！

我的鱼懂我、爱我、保护我，但又会以此为理由限制我、吓唬我、评判我、折磨我。好在，我一直循序渐进地在修这门与它相处的功课。好奇鱼一次次从鱼缸里跃出，然后再一次次落入新的鱼缸中，而我则一次次在看得见的世界里迷失，又一次次在看不见的世界里找回自己。

鱼缸实验

读到这里,先暂停一下,回答下面的问题:

- 观察者:如果你相信自己也有一个私人经验鱼缸,里面养着一条鱼,那么这条鱼是什么样子的?它是什么颜色的?它喜欢现在的鱼缸吗?

- 观察者:如果给这条鱼起一个名字,你喜欢叫它什么?

- 体验者:尝试看见你私人经验鱼缸里的这条鱼,然后对它说:"我想去冒个险,探索自己!"听听鱼会怎么说。

- 觉悟者:现在,你来做一个决定,要不要来一场冒险,比如,把这本书读完。

如果你决定开始冒险，就翻到下一页！

我为什么总是犹豫不决，不敢去冒险？

什么"总是"？你没发现你已经翻到新的一页了吗？！

实验1
观念篇

读这本书有什么意义吗? 可能没什么意义!

好失望……

?

做没有意义的事
对你的意义是什么呢?

01 "无意义"的意义

曾经，我喜欢追求意义。更准确地说，我的头脑喜欢"意义"，甚至我的头脑会要求我一定要做"有意义的事"才可以。但问题来了！按照这样的思路，如果找不到意义，我这个人就失去了存在的意义。

现在我才知道，对我而言，生命中很多珍贵的意义都藏在我头脑的认知以外那些看似无意义的小事里——藏在一朵花的香气里；藏在洗澡时温暖的水滴敲击皮肤带来的痒痒的感觉里；藏在散步的时候脚与地面接触时的踏实感里；藏在慢慢地喝一杯没有味道的水，体会水从舌根经过喉咙，流过食道，进入身体的感受里……

小孩子是"无意义"的大师，他们可以从"无意义"中创造意义，并享受其中。大人给小孩子的这种特质命名为"玩儿"。"玩儿"本来谁都会，但很多成年人因为忙着追求意义，"玩儿"的能力退化了，把自己搞得一本正经，一点都不好玩儿。

所以，在"玩儿"这件看似"无意义"的事上，小孩子是我的老师，我正在向他们学习。

> ### ● 鱼缸实验
>
> ● 觉悟者：如果在你现在的生活中增加一些看似"无意义"的小事情，这样的变化会给你的生活带来什么影响？你会怎么看这样一个能做"无意义"的小事情的自己？

先有鸡还是先有蛋？

当然是先有蛋，
有了蛋才能孵出鸡！

一定是先有鸡，鸡才能下蛋！

他俩说得都有道理。
波卡，你认为先有鸡还是先有蛋呢？

先有我呀！

02 一元真理，多元真理

你认为理所应当、绝对正确的事一定是对的吗？就像"先有鸡还是先有蛋"这个困扰了人类几千年的难题，包包认为先有蛋，大嘴龙认为先有鸡。他俩的观点听起来都有道理，但他们并不认同对方的观点，于是引发了冲突，因为说服不了对方又会带来沮丧和挫败感。作为读者的你怎么看这个问题？你认为先有鸡还是先有蛋呢？如果遇到和你的观点不一样的人，你会怎么说服对方？

心理学家和哲学家把人们追求的唯一正确的答案称作"一元真理"，支持一元真理的理论被称作"一元论"。一元论有一个重要的前提，就是假设只能有唯一正确的答案——要么先有鸡，要么先有蛋。这是一个非黑即白看问题的视角。

打一个比方，一元论就好像是我们面前摆放着一个叫作"真理"的水晶杯，你可以称它为"真理之杯"。真理之杯十分精致漂亮，但容量很有限，里面只能放一个绝对正确的观点，因此非常珍贵和神圣。人们为了能获得将自己的观点装入真理之杯的资格，就需要通过不断研究、辩论来证明自己的观点是正确的。

一元论的好处是，持不同观点的各方可以通过思辨加深对观点的理解，进而推动探索和研究。而且，当一个人拥有了唯一正确的答案，他会很有安全感，也会对自己所认知的世界更笃定、清晰。

但一元论并不适合生活中的所有场景。因为人的认知受历史、时代、文化、地域、政治、宗教、种族、性别、年龄等多种因素的影响，如果一味强调唯一正确的答案，就会忽视上述因素带来的差异，引发误解、矛盾和冲突。

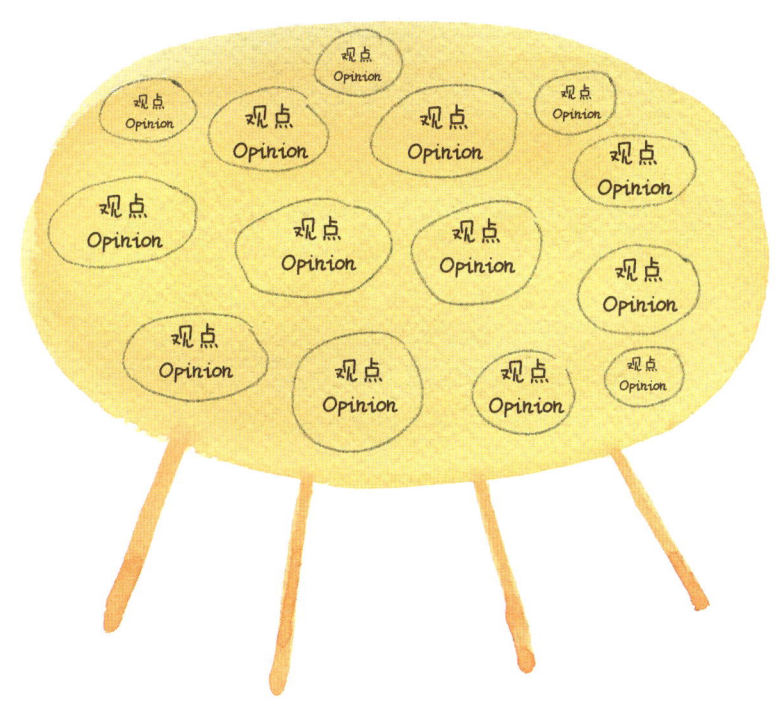

和 Coordination

与"一元论"相对应的是"多元论"。我把"多元论"比作一张桌子。这张桌子上可以放任何关于"鸡"和"蛋"的观点,我称这张桌子为"观点之桌"。

观点之桌虽然不如真理之杯漂亮、神圣,但它的容纳空间变大了,而且最关键的是,观点之桌从不对桌上的观点进行评判,它只是被用来收集人们的思想、意见、看法。在观点之桌上放任何观点都是被允许的,而且桌上所有的观点都是平等的。用一句中国的俗话:有什么话都摆在桌面上。这种多元论的思想在中国的文化中被称作"和"。

相较于真理之杯，观点之桌会给持不同观点的各方带来三点变化：
1. 每一个人都有机会在观点之桌上摆放自己的观点，原本关系中的冲突各方变成了合作者，都在为桌上观点的多样性做贡献；
2. 每一个人都有了更多的观点可供选择；
3. 原本可控、清晰的世界开始变得模糊、陌生，这样的不确定性和失控感确实会令人不安，但也可能通过不同观点的碰撞、融合带来新的创意与惊喜。

你当下也许会产生一个新的困惑——这么一桌子的观点，究竟该选择哪个呢？确实，选择太多也会令人焦虑。

我的答案是：**根据当下具体的需求做出选择，选择那个最能让自己、他人感觉舒服的观点**。在我看来，"一元论"和"多元论"的区别是"真理"与"智慧"的区别。"真理"追求唯一性和正确性，而"智慧"的关键在于平等、包容，跟随变化而变化的适应力。

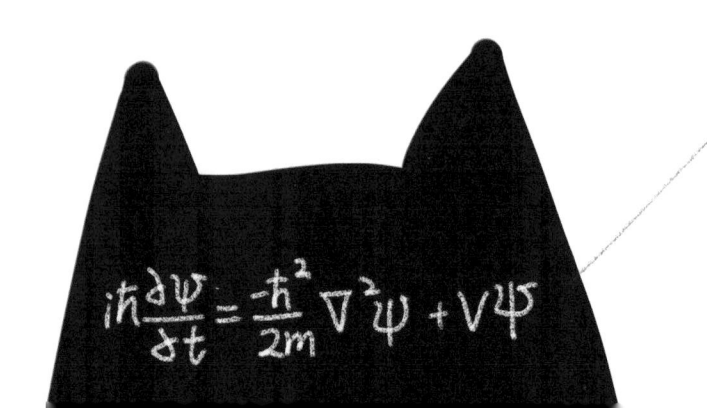

$$i\hbar \frac{\partial \psi}{\partial t} = -\frac{\hbar^2}{2m} \nabla^2 \psi + V\psi$$

如果这个"先有鸡还是先有蛋"的话题出现在一个欢乐的派对里,我会选择我的观点之桌上那个最好玩儿、最有创意、最荒谬的观点。比如:

"鸡和蛋其实是外星人放在地球上用来测试人类智商的。"

如果我参加的是一场量子科学的高峰论坛,我会说:

"在人们没有观测到鸡和蛋时,鸡和蛋处于'量子叠加态'。一旦人们开始观测这个问题,就会引发'量子坍缩',才让鸡和蛋被观测到。因此,先有'观测',是'观测'带来了鸡和蛋。"

回到我的本行——心理咨询师的工作，心理咨询师很多时候都要扮演来访者的观点之桌的角色。无论来访者说什么，心理咨询师都会认真地倾听、理解对方的观点，并把这些观点收集起来，然后陪着来访者找到那个对当下的自己最有帮助的观点，以适应生活中的变化，面对挑战。

"总之，让观点服务于人，而非限制人，这是我个人所信服的真理。"

鱼缸实验

- 体验者：选择一个你认为正确的观点，把这个观点放进你的"真理之杯"。如果这个观点对你来说是一个绝对正确的观点，你的感受是怎样的？

- 体验者：如果把上面这个观点从"真理之杯"中拿出来，放在"观点之桌"上，允许其他不同的观点与之共存，你的感受又是怎样的？

- 观察者：不着急下结论，不对自己的观点和感受做评判，只是看见并承认这些感受就好。

在"先有鸡还是先有蛋"这个问题上,为什么你的答案是"先有我"呢?

因为无论答案是什么,答案都需要我来选呀!所以得先有我,然后才有答案。

● 七彩云

一天，伊莫先生遇见了一朵有七种颜色的云。伊莫从未见过如此漂亮的云，他相信这朵七彩云一定有魔力。

伊莫连忙向七彩云许愿："七彩云，请让我永远没有烦恼和忧愁，让我拥有幸福、快乐的一生。"

七彩云开口对伊莫说："去找到一枚只有美好一面的金币。带着这枚金币再来找我，我就满足你这个愿望。"

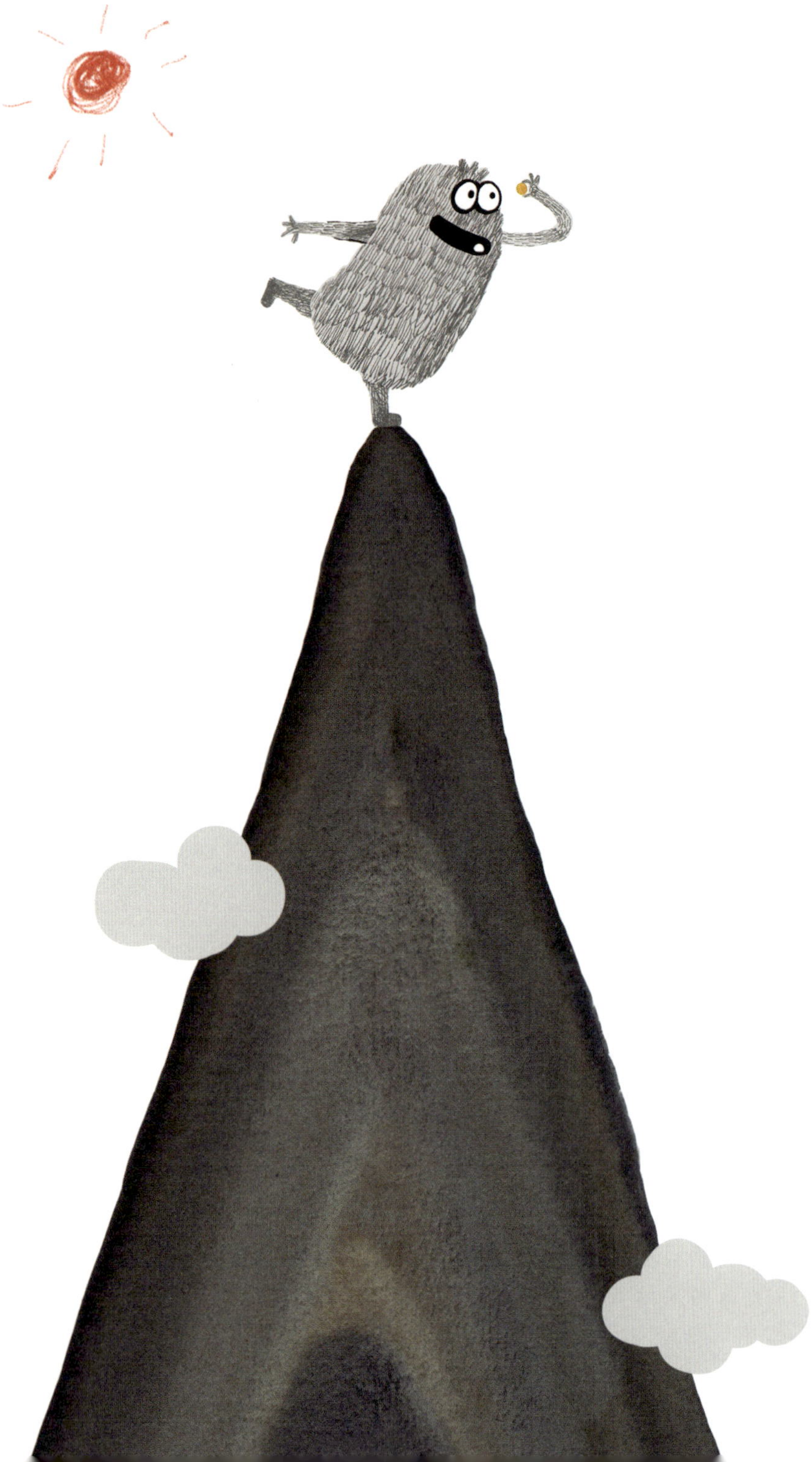

伊莫听了七彩云的话，去找那枚只有美好一面的金币。他经历了很多很多日出日落、月圆月缺，跋山涉水，走过了很长很长跌宕起伏的道路……

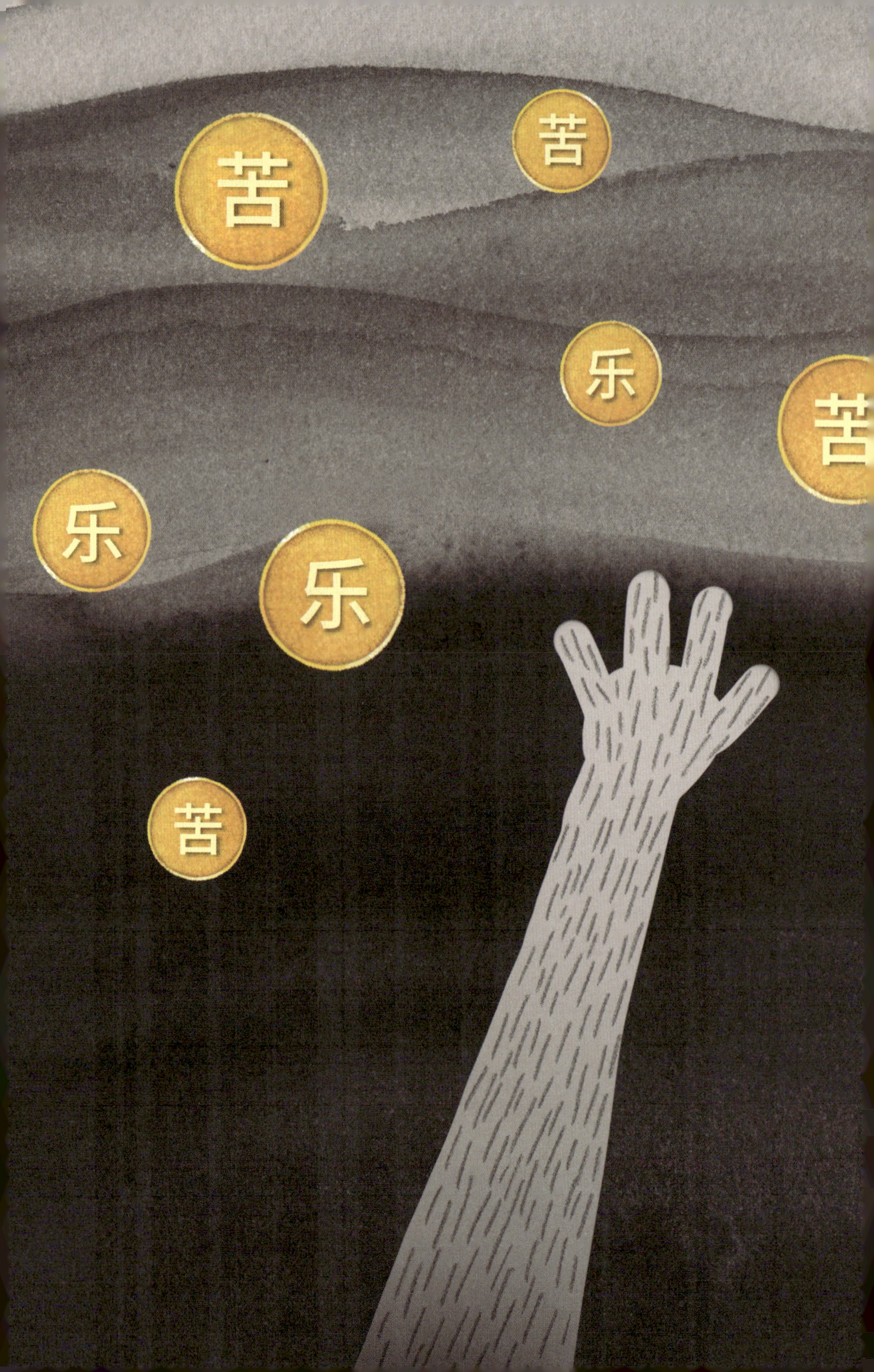

苦
苦
乐
苦
乐
乐
苦

伊莫找到了好多金币，但所有的金币都是既有美好的一面，又有辛苦的一面。七彩云所说的那枚只有美好一面的金币一直都没有被找到。

伊莫很失望,他只能硬着头皮去找七彩云。

伊莫:"很抱歉,我没有找到那枚只有美好一面的金币。"

七彩云笑着对伊莫说:"但你拥有了很多一面是美好、一面是辛苦的金币,就把它们带回家吧!"

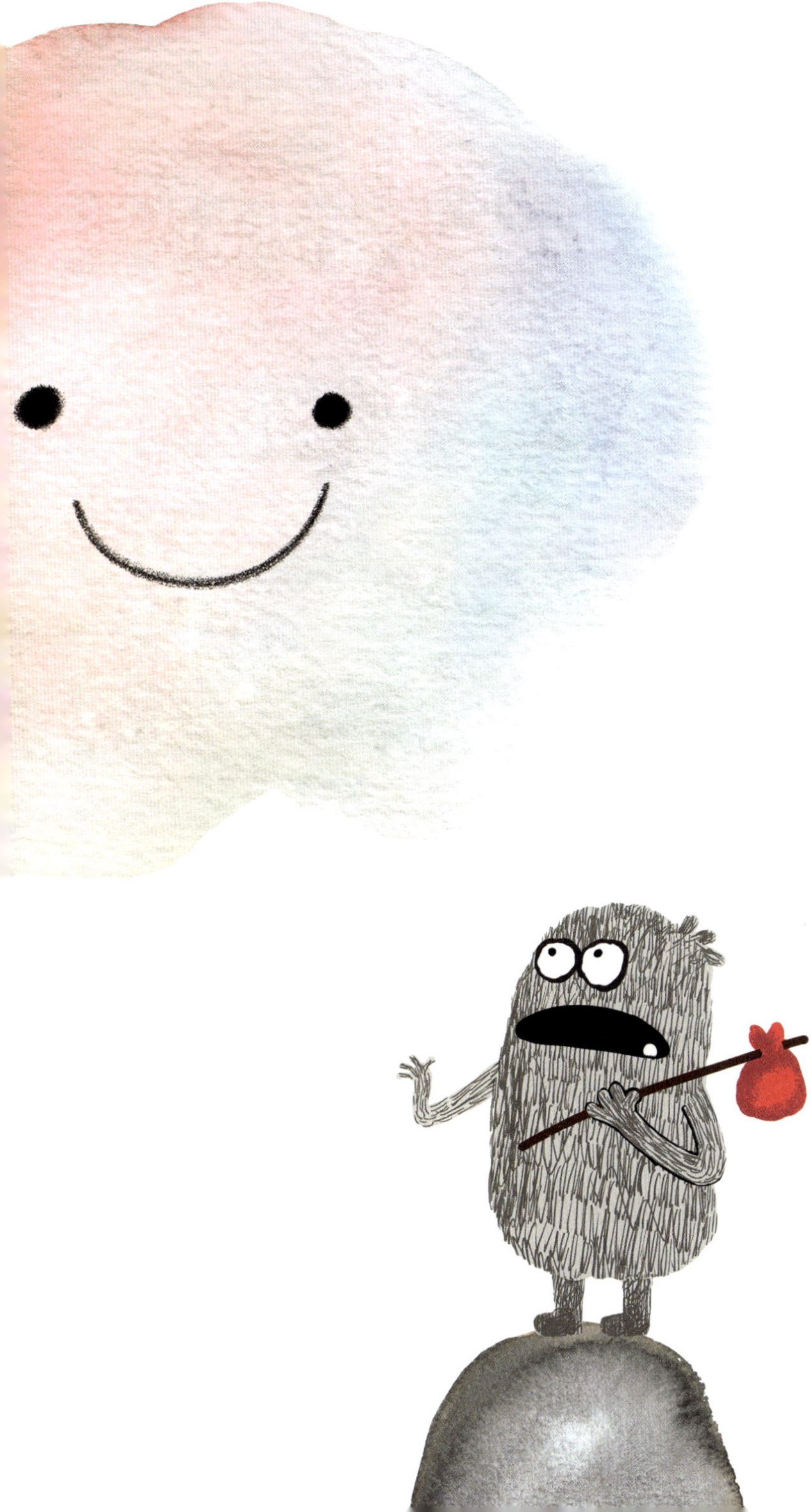

03 硬币的两面

伊莫与金币的故事灵感来自 Y 在角色叙事训练营里分享的一段文字，她这样写道：

我有一份很不错的工作，有两个可爱的孩子。在外人的眼里，我的生活很令人羡慕。在我的眼里呢？也是！但我的确很累很忙很辛苦。每天工作在 10 小时以上，有时甚至是 13 小时；陪孩子的时间本来就少，还要照顾到两个孩子需要的单独陪伴，我也需要留出时间给自己。在这份挣扎中，常常对自己有心疼，也有责备。

写到这里，我想到一个问题：我看到这枚硬币的两面，它有美好的一面，也有辛苦的一面，那我是否还喜欢这枚硬币？答案是：喜欢。我喜欢我的工作，我享受和孩子在一起的时光。我可以好好地和这枚硬币在一起——既不执着于这面的美好而忽略那面的辛苦，也不因为只关注辛苦的那面而忽略美好的这面。

我承认我的硬币有相反的两个面，但我喜欢的是整个硬币，而非它的一个面。

Y 的这段文字既是写给她自己，也好像是在提醒读到它的世人——很多时候我们都希望自己找到那枚只有美好一面的硬币，以为这样才可以成为人生赢家，获得一生的幸福。

但我们忘了，那枚只有美好一面的硬币其实并不存在。因为生命的真相是既有美好的一面，也有辛苦的一面，就好像理想与现实并存，拥有与失去并存，简单与复杂并存，平凡与不凡并存，智慧与朴拙并存，爱与恨并存，生与灭并存，瞬间与永恒并存……如果我们愿意捡拾起这些具有相反的两个面的硬币，并真心接受、拥有它们，这些宝贵的财富足以帮助我们跨山越海，创造出丰盈美妙的人生。

● 鱼缸实验

- 观察者：如果把你的一个特质或一段经历当作是你生命中收获的一枚硬币，那么这枚硬币美好的一面是什么？辛苦的一面又是什么？

- 觉悟者：如果你愿意全心全意地拥有这枚硬币，而非只接受这枚硬币的一个面，这样的"拥有"对你人生的意义是什么？

寄居蟹的换壳策略

伊莫就像那只寄居蟹一样躲在壳里……

伊莫的壳应该是他的舒适区吧!

总躲在舒适区里怎么行?!伊莫一定要学会走出自己的舒适区呀!

叮!

...

舒服啦!

...

我如何才能像你一样
能离开自己的舒适区呢?

小蟹好不容易才找到自己的舒适区,
为什么要离开?!

你不是刚刚离开
自己的旧壳吗?

旧壳是小蟹曾经的舒适区。随着小蟹的身体变得越来越大,大到旧壳不适合小蟹的时候,旧壳就不再是小蟹的舒适区了。但这个旧壳依然可以给小蟹提供保护,是小蟹的安全区。而小蟹去寻找的新壳才是小蟹的舒适区。所以,小蟹从旧壳搬到新壳的过程,不是离开舒适区,而是从安全区去到新的舒适区的过程。

新舒适区　　安全区　　　　旧舒适区

04 建立安全区，去到舒适区

一个人像寄居蟹一样躲在壳里，为的是让自己舒服，有罪吗？！

当"离开舒适区"成为绝对主流、正能量、正确的声音时，我们的社会似乎变得越来越不允许舒适存在了。大家可以高谈阔论自己是如何努力的，但如果要让自己"待在舒适区"里，就好像是在做一件不好的事情，会被批判。

在"离开舒适区"这类声音和文化的影响下，越来越多的人相信，"喜欢舒服"是一个人堕落、不思进取的原罪。还有一种观点认为，舒服是有条件的，它只能被视作奋斗后的奖励，只有"苦尽"才能"甘来"。在心理工作中我发现，焦虑、抑郁等症状的出现，很多时候是因为当事人已经努力不动了，但在周围"加油""坚持""努力"的声音围攻下，当事人逐渐失去了为自己创造舒适区，在舒适区里存活的权利，结果是卷又卷不起来，躺又躺不平。

虽然"离开舒适区"这个观念有其积极的一面，但如果它成为一个人的唯一选项，就会带来矫枉过正的风险。比如，迫于"离开舒适区"带来的压力，有些人就会通过身体、心理疾病，甚至更极端的方式拿回自己待在舒适区的权利。这种现象在心理临床工作中被称作"症状获益"！乍一听，"症状获益"有那么一点点阴谋论的味道，但对于当事人来说，"症状"是他在面对压力时，为了生存需要而无意识创造出来的适应性策略和解决方案。

一次，我在一个青少年工作坊采访在场的年轻人："抑郁症可以给你带来什么好处？"一位男生站起来告诉我，他希望自己被诊断为抑郁症，因为"抑郁症"可以让周围那些强迫他努力的声音安静下来，帮助他撑起一个舒适区。有了"抑郁症"的保护，他就可以心安理得地待在自己的房间里做自己想做的事，或者什么都不做。

一边是"离开舒适区"的观念大行其道，一边是只有通过生病才能让自己舒服的生存策略，对比人类这种既矛盾又怪异的行为，寄居蟹**"建立安全区，去到舒适区"**的换壳策略貌似小心翼翼，实际上却是非常朴素的生命智慧，它可以帮助我们重新理解生命与舒服、安全感的关系。

美国人本主义心理学家亚伯拉罕·马斯洛于1943年提出需求层次理论。马斯洛认为人的生命动力来自自我需求的满足。他将人类的需求分为五个层次，将其分布在一个正三角上，从下到上依次为：生理需求、安全需求、爱与归属的需求、尊重的需求，在三角形的顶端是自我实现的成就需求。在马斯洛的晚年，他在自我实现这一层上面又加了一层，叫作自我超越。

通过需求三角形，马斯洛将虚幻的幸福与美好具体定义为五种需求的满足。在我看来，当需求被满足时，人最本质的体验其实就是两个字——舒服。

基于马斯洛需求层次理论，我的观点是，**喜欢舒服不是一个人的原罪，而是人适应社会、面对挑战的源动力。**

在马斯洛需求层次理论中，安全需求是仅次于生理需求的基础性需求。而美国家庭治疗先驱维吉尼亚·萨提亚则从关系的角度进一步强调了"安全感"的重要性。她将安全感视作心理健康、关系健康的基石。萨提亚认为，所有行为（包括功能不良的行为模式）背后都是对安全感的追求，安全感的本质是人在不确定的环境中维持心理空间的必要条件。

舒服啦！

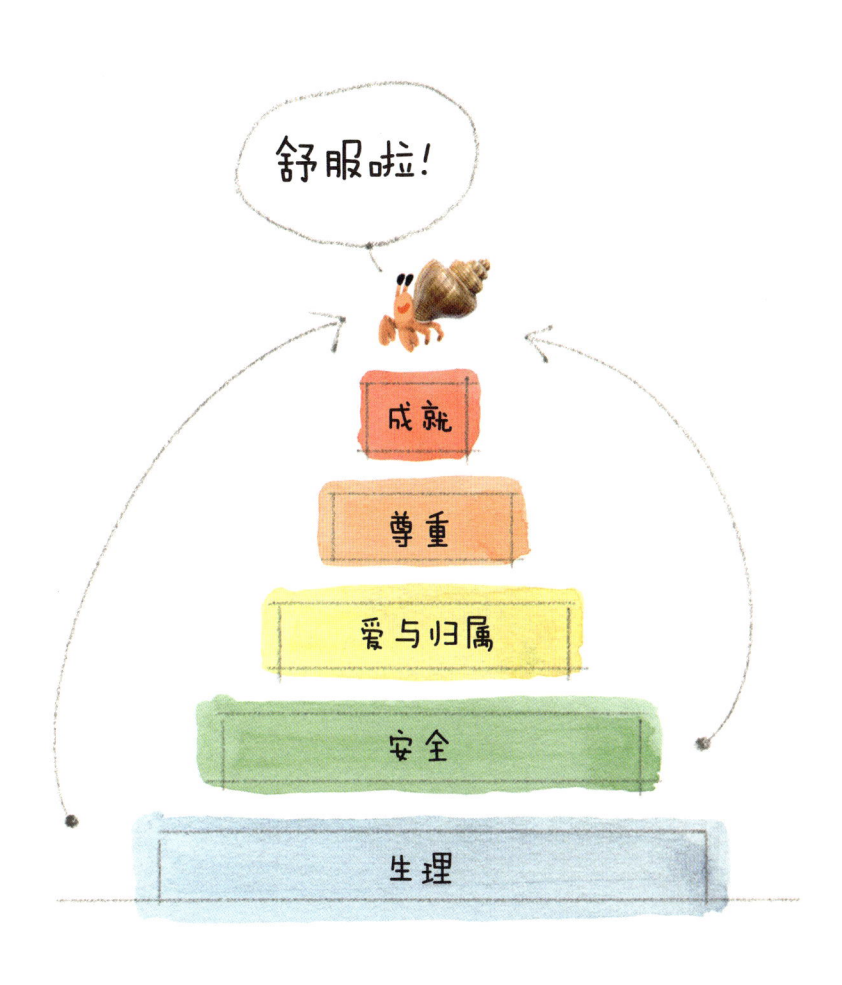

| 成就 |
| 尊重 |
| 爱与归属 |
| 安全 |
| 生理 |

换壳后，寄居蟹的生理需求、安全需求都得到了满足！

在心理工作实践中我无数次见证，生命真正的学习和成长都发生在安全和信任的关系里。这个安全和信任的关系既包括"我"与外界的关系，也包括"我"与我自己的关系。**而"我"与我自己的关系中的安全感是我与这个世界建立关系的基础。**

作为心理咨询师，如果我对来访者说"你要离开自己的舒适区"，这个要求其实是在否定来访者的感受，暗示来访者当下舒适和安全的需求并不重要，令来访者产生自我怀疑，破坏来访者与自己的关系，容易引发来访者对咨询的抗拒和退缩。

你要离开自己的舒适区！

我是谁？我在哪儿？
我为什么要离开？我要去向何处？
……我把小蟹给弄丢了……

对我来说，真正有效的工作方式是认同来访者拥有让自己舒服的权利。我甚至会邀请那些急着离开舒适区的来访者在自己的舒适区里多待一阵子。因为，当他们真的能在自己的舒适区里把自己照顾好、待舒服了，建立起与自己的安全、信任的关系，改变会自然而然地发生。

借用系统式家庭治疗中"稳态、扰动、循环"的概念,我将一个人与舒适区的关系分成三个阶段:**旧稳定期、蜕变期、新稳定期**。这三个阶段处于一个递进的循环中。而每一个旧稳定期又可以被分成三个区,依次是:**舒适区、舒适且安全区、不舒适的安全区**。

在寄居蟹的换壳过程中,原有的旧壳是寄居蟹曾经的舒适区。当寄居蟹在这个舒适区里获得了安全感,旧壳就成了它的舒适且安全区。随着寄居蟹的长大,旧壳渐渐不再适合寄居蟹的身体了。虽然不舒服,但寄居蟹在旧壳里仍然可以获得安全感,这个旧壳就成了它的不舒适的安全区。在上述的过程中,寄居蟹与旧壳的关系发生了微妙的变化,但在外人看来,它与旧壳的关系依然处于一个稳定的状态。但为了获得更舒适的新壳,寄居蟹就需要打破原有的稳态,从旧壳里出来,进入不舒适、不安全的状态,然后经历冒险与挑战,完成蜕变,进入新的稳定状态。

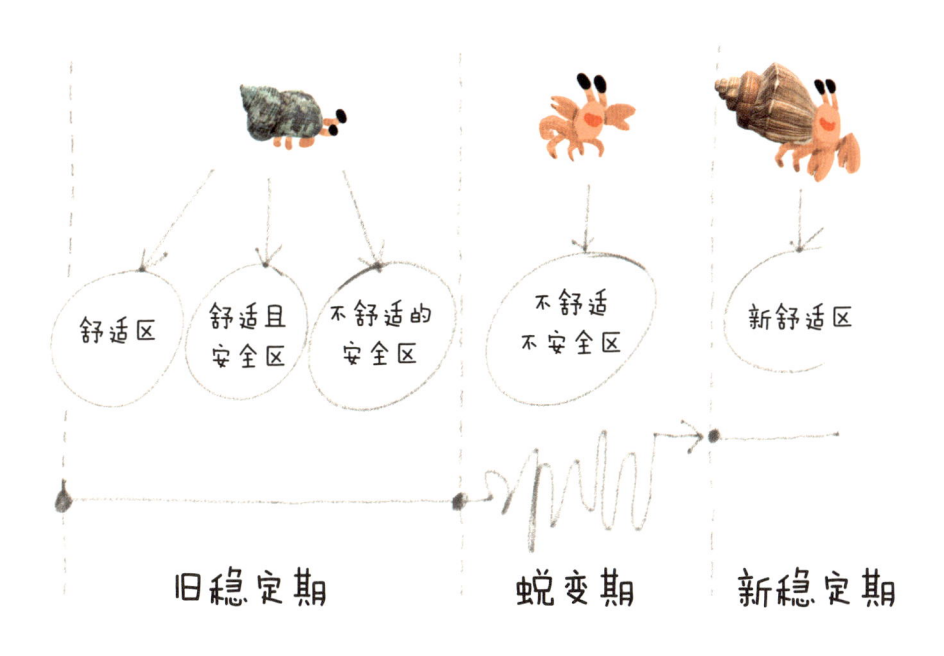

有没有发现，相较于人类的"离开舒适区"这一唯一"正确"的选项，寄居蟹先建立安全区，再从安全区出发，经历蜕变的过程其实包含了两个选项：

选项1：进入新壳

如果一切顺利，寄居蟹完成蜕变，进入新壳，创造新的舒适区；

选项2：退回旧壳

如果遇到危险或不测，寄居蟹还可以退回旧壳，利用安全区保护自己。

在真实的心理咨询过程中，当来访者意识到自己拥有旧壳（安全区）和新壳（新舒适区）两个选项时，他们会对自己的生命拥有更多的安全感和掌控感，会更有意愿做新的尝试。通常，来访者的"换壳"过程不会一次完成。有时候，来访者即使已经进入了新壳，又会突然一下子退回到旧壳，甚至在这两个"壳"之间来来回回一段时间。这并非意味着咨询失败，而是来访者正在自己的蜕变期里进行冒险和实验。此时，咨询师能做的就是借助咨访关系为来访者建立一个临时的壳，给予来访者足够的耐心和信任，陪着来访者一次次经历这些过程，直到来访者与新壳之间形成了稳定的关系。

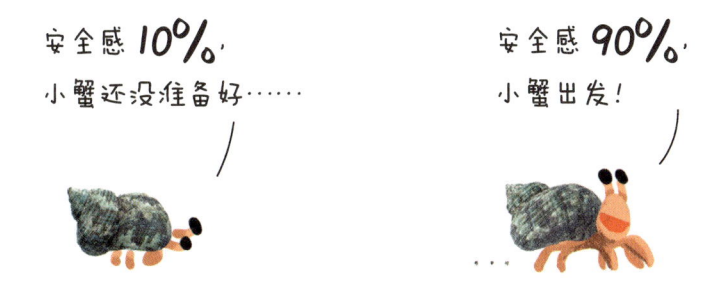

安全感 10%
小蟹还没准备好……

安全感 90%
小蟹出发！

还有一个麻烦,就是人的背上不会真的有个壳用来提醒别人"我现在是在自己的舒适区里不想出来",或者"我已经从壳里出来,开始冒险"。因此,人就需要用一个让别人看得见的提示来对外宣告此刻的自己与"舒适区"的关系(心理治疗的具体化技术)。

在我家,我有一个酒店客房用的"请勿打扰"的挂牌。需要时,我会将这个牌子挂在自己的书房门外,书房摇身一变就成了我的舒适区。

就像今天,为了写这篇文章,我已经不知不觉在自己的书房里从下午坐到了深夜。此刻,连绵的秋雨噼里啪啦地钻进窗外一片黑暗里,而那个"请勿打扰"的挂牌正挂在书房门外。书房内,我面前是一张画桌、一台电脑、一盏幽暗温暖的灯,四周的书架上摆满了我喜欢的书和收藏的手办……在这样的夜里,我把自己藏在世界的角落,悄咪咪地做着自己最贴心、最喜欢的小事情,多幸福呀!

● 鱼缸实验

- 观察者:如果你是一只很会照顾自己的寄居蟹,哪里是能给你带来安全感的壳?

- 观察者:如果你要去到新的舒适区,这个新的舒适区在哪里?

- 觉悟者:如果你允许自己在现在的安全区里多待一阵子,而不是急着离开,这样的允许对于你去到新的舒适区的帮助是什么?

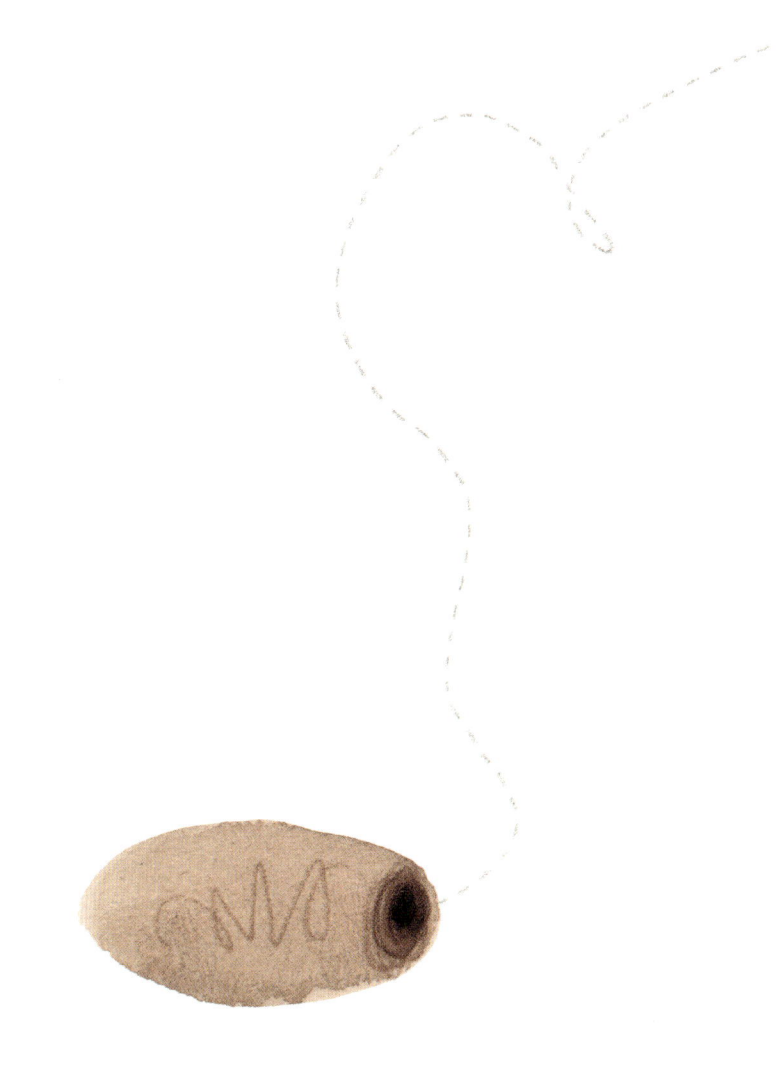

"我承认
我就是喜欢舒服的!
因为,
我不是待在
自己的舒适区里,
就是在去往下一个
舒适区的路上!"

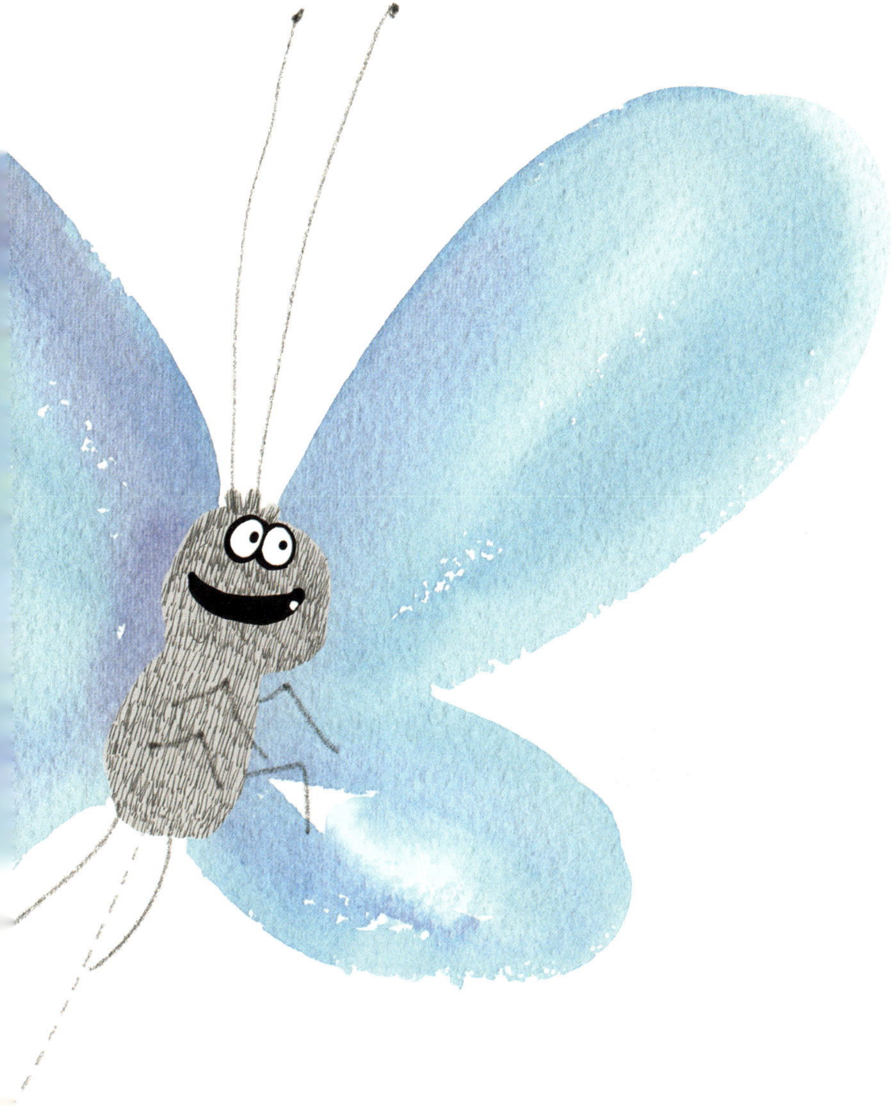

为什么你们只在晚上开花?
如果你们能在白天开花,
就可以有更多的人关注,
获得更多的粉丝和流量!

不要!
不要!
不要!
不要!

05 自律，自然而然的节律

写这篇文章的时候正值北京的 8 月，我太太养的一株昙花结出了四个花苞。于是，在这一年的夏末，我除了写书，还多了一个等待昙花开花的乐趣。

昙花的独特之处在于，它开花的节律与大多数花的节律不同，昙花是在晚上开花。因为这篇文章的主题与"自律"有关，所以我就在想，那些在白天绽放的花儿会怎么看昙花这个只在夜晚开花的"异类"？它们会要求昙花参加"白天开花训练营"的开花打卡活动吗？如果昙花没有完成打卡，它们会批评昙花不够自律吗？它们会把昙花送到"夜间开花症矫正中心"治疗吗？

也许只有无聊的人类才会问出如此愚蠢的问题。但生而为人的我确实对自己很苛刻，特别是在自律这件事上。

曾经，我一直以为自己是一个很自律的人。直到进入 40 岁后，我忽然发现那些与我共事的年轻人更容易接受新鲜事物，他们学习能力强，没有家庭负担，每天工作十几个小时，第二天依然可以满血复活。但我的精力、体力没有之前好，我还要多陪家人，那段时间我制定的计划总完不成，业绩也不如年轻人。

我把这一切都归咎于自己不够自律！

后来从事了心理工作,接触了不同的人,我才渐渐意识到,这个"不自律"的声音其实来自我头脑中被社会建构起来的自我认知。

"常人本质上以平均状态存在!"

存在主义奠基人海德格尔认为:常人本质上以平均状态存在。你可以把这句话理解为"大家都这么做,我也要这么做"这样的内心独白。

什么是自律。通过字面意思有一种普世的理解——**为了符合群体的标准,作为个体的我要自己管理自己,自己要求自己,自己约束自己(Self-discipline)**。

但当一年读完多少本书、跑了多少公里、赚到多少钱、赢得多少粉丝成为优质现代人的普世标准时,每个生命节律的个体差异和独特性,在精细化的时间管理、目标管理中很容易被忽略掉。

其实,宇宙万物都有自己独特的律,就像冰知道什么时候融化成水,花儿知道什么时候开放,鸟儿知道什么时候迁徙,鱼儿知道什么时候洄游,地下的虫子知道什么时候苏醒,从土里爬出来……至今,中国的农民会依据二十四节气来播种、施肥、收割、休耕;很多中国人依然保持着顺应天时、地利调整作息、饮食的传统。也就是说,经历了亿万年的演化过程,人类与其他生物一样,具备遵循自然而然的律的本能。

进入工业时代,时间被钟表切割成一个一个小格子。如此,劳动就可以按照量化的时间来衡量。进一步说,劳动的价值是以时间量化为根据的。200多年前,本杰明·富兰克林在《给一个年轻商人的忠告》中提出"时间就是金钱"的观点。现代人的生命价值被绑定在那"嘀嗒""嘀嗒"永不停歇、均匀转动的钟表齿轮上。为了符合这个标准,每个人都需要自律,而摒弃自然。

但，哪怕是一朵小花的复杂程度都远远超过钟表，甚至超过人类几千年积累下来的所有文明与智慧，更何况是一个人呢。

在我追求"自律"（Self-discipline）的过程中，我参加过很多社群、打卡营、训练营。我发现，我越是想要赶上社会的脚步，越会在社会化的洪流中迷失自己。直到有一天，我承认自己真的"卷"不动了，我问了自己一个好问题：对应群体的标准和期待，"自律"为什么不能有另一个解释——**个体自然而然的内在节律（Self-rhythm）?**

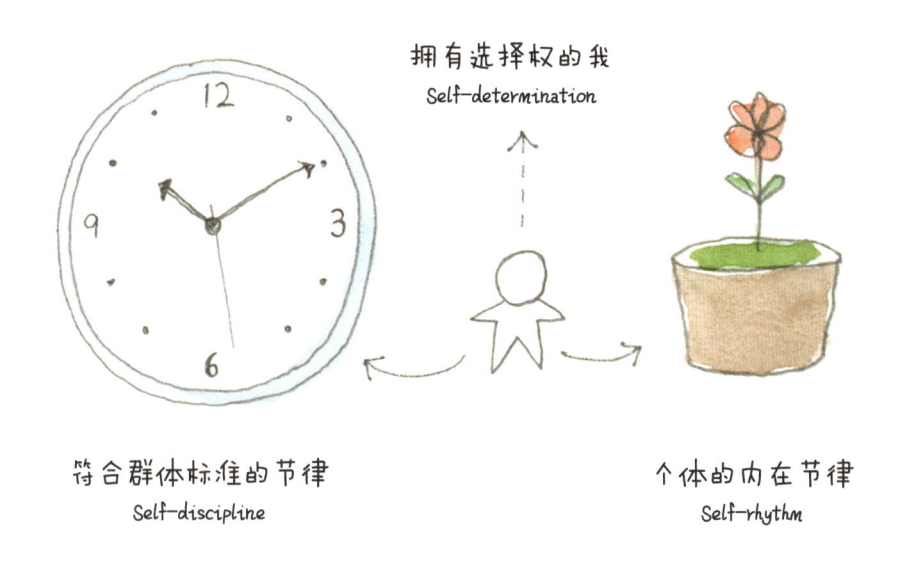

拥有选择权的我
Self-determination

符合群体标准的节律
Self-discipline

个体的内在节律
Self-rhythm

我恍然大悟！原来，**那些曾经发生在我身上的"不自律"行为，不是我的错，而是我的"律"**。我意识到，"自律"所引发的冲突，其本质是群体的节律和我个体的内在节律之间如何平衡的议题。满足群体的标准和期待是我适应环境的策略（顺应环境），可以带给我来自群体的认同感和成就感；而当我尊重我的个体内在节律（顺应自己），我会更接纳自己的感受和特质，我与自己的关系会更亲近，会更爱自己。两个节律相辅相成，没有对错，但用舍由时，行藏在我，**选择用哪个节律去生活，由我来决定(Self-determination)**。

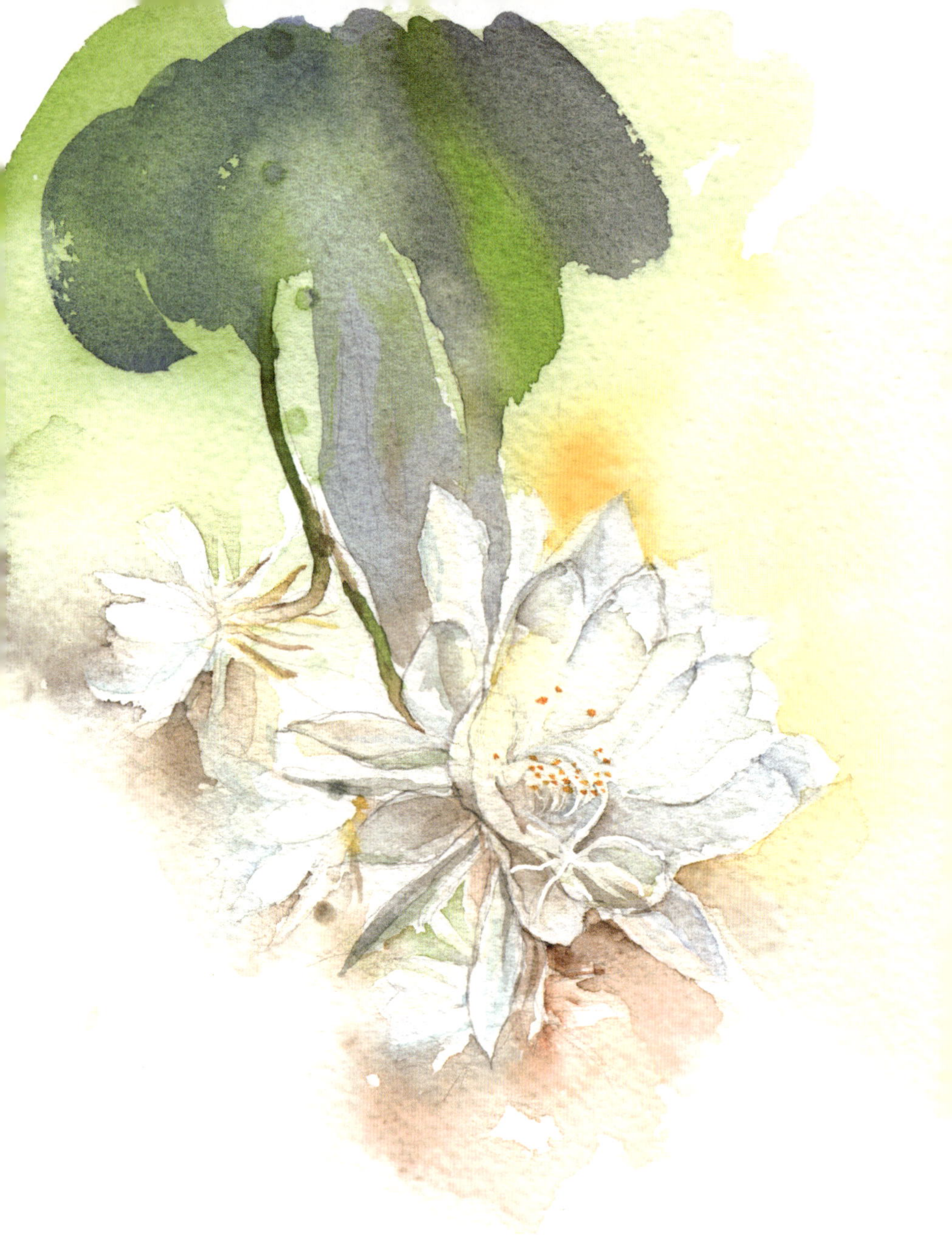

如今，我越来越相信其实每个人都生活在自己选择的节律里。40 岁前，我绝大多数的时间是用来满足群体节律的需要，更多的是取悦别人，为的是换来外界对自己的肯定和安全感。那个时候，我虽然离群体越来越近，但我距离自己越来越远。40 岁以后，我选择按照自己的节律来生活，为的是取悦自己。写到这里我不禁长出一口气——好在自己没有在平均状态的洪流里盲从、赶路，而是找到了自己的律。这样的我既孤独又美好，宛如一朵只在夜晚开放的花。

9 月 3 日夜，昙花那飞羽一般晶莹剔透的花瓣终于冲出肉质花苞的重重包围，开了。

那一晚，空气里弥漫着清凉微苦的昙香。我和太太坐在四朵皎白不群的昙花旁，点一盏灯，沏一壶茶，听着草丛里的虫鸣，一边陪着昙花，一边饮茶聊天。

"这个世界，但凡是众人喜欢的、追随的花也好，人也好，其实都活在自己的节律里。你信吗？"

"嗯！"

鱼缸实验

- 观察者：列出两份清单，一份是来自群体要求你的自律，一份是属于你自己的内在节律。看看两份清单中有哪些地方是一致的，哪些地方是冲突的。不做评判，看见就好。例如：

  来自群体的自律：我要 6：00 起床；
  我内在自然而然的节律：我要睡到自然醒。

- 觉悟者：问问自己，什么时候我可以选择遵循"群体的律"？什么时候我可以尊重"自己的律"？

我怎么才能知道我是在自己的节律里？

当你感到舒服的时候！

我又如何能知道自己是在别人的节律里？

别人舒服，但你自己不舒服！

我如何才能在自己的律和别人的律之间做到平衡？

既让你自己舒服，又让别人舒服！

"当我找不到自己
　内在的节律时,
　　我会选择
　相信我的感受。

　因为,
　感受好
才是真的好!"

把你的手伸出来……

波卡小熊，我怎么才能做到"放下"呢？

"啪" "咔嚓"

现在你可以放下了！

06 拿起来，才能放下

2014 年的一天，我敲开了老板办公室的门。

我坐在老板对面，告诉她我现在非常焦虑。我问她："我是不是遇到了中年危机？"本来我希望我的老板能对我说"别瞎想""你已经很不错了""我相信你"之类安慰、鼓励、认可的话，帮助我放下"中年危机"这个念头。

出乎我的意料，老板盯着我，用非常肯定的语气告诉我："是的，这就是你的中年危机！"

现在重新体会我当时听到这句话时的感受，就如同一颗中年危机的苹果"啪"的一下砸在了我的手掌上，那是一种前所未有的对中年危机的确认感。这种感觉如电流般穿透我的全身，敲击着我身上那层厚重、要优秀、要证明自己的铠甲。几秒钟后当我回过神来时，我反倒释然，不想再挣扎了。

那次谈话后不久，我向老板提交了辞呈，离开了公司。对于当时的我来说，未来模糊不清，只有我手中这颗中年危机的苹果是实实在在的。

要想放下什么，就必须把我要放下的东西先拿起来，这是我从那次与老板的对话中学到的。后来我成为一名心理咨询师，当我面对来访者的"放不下"时，偶尔也会用我老板的方式回应来访者，帮助来访者拿起属于他的那颗苹果。

来访者 J 小时候曾被父亲家暴，长大后和父亲一直很疏远。直到父亲得了阿尔茨海默病，她不得不把父亲接到现在自己的家里一起住。J 想要放下对父亲的恨，做一个孝顺的女儿，给父亲养老送终。但她发现自己心里的恨太多、太大，根本放不下。

我问 J："如果邀请那些你放不下的'恨'出来说说话，'恨'最想表达什么？"

听我这么问，J 一下子哭了出来。这是 J 平生第一次被允许肆意控诉、宣泄自己对父亲的怨恨，甚至中间有好几次，她必须用呕的方式才能将自己的愤怒与委屈释放出来。这场关于"恨"的宣泄持续了近 30 分钟，J 才渐渐恢复了平静，她原本紧绷的身体变得松弛、柔软。在这次咨询结束时，我给 J 留了一个家庭作业：创造一个不被打扰的时间和空间，给父亲写一封信，把自己的委屈、怨恨都写下来。

一周后，我收到了 J 的反馈，她不但写了信，还把这封充满埋怨和泪水的信念给了患阿尔茨海默病的父亲听。J 告诉我，她是一边哭一边读的，不知道父亲有没有听懂她在说什么，但她发现，面前那个呆头呆脑的老人眼圈是红红的。

这之后，J 终于可以放下对父亲的恨，开始好好地爱父亲、照顾父亲了。

完形心理学（又称"格式塔心理学"）非常重视来访者对过往创伤经验的再次接触、重新体验。完形心理学家们相信，在咨询师的陪伴下，来访者通过安全的方式再次接触创伤事件，并用与过去不同的方式穿越这个事件，体验事件带给自己的新的情绪感受，才能与过去未完成的经历做一个完结。对于 J 来说，她在咨询室里把对父亲的"恨"说出来，就是在用与过去不同且安全的方式再次接触、体验埋藏在心里的"恨"；把自己写的信念给父亲听，替那个曾经受过伤的自己发声，就是在为过去的经历做完结。当"恨"被说出来，"恨"的情绪便开始流动、消退。

为什么过去的 J 放不下"恨"？是因为"恨"一直被藏在心里，从来没有被拿起来。为什么现在的 J 有了爱？因为"恨"不再被隐藏，"恨"被拿起来，又被放下，爱就有了空间。其实对我而言，J 拿起和放下的根本不是"恨"，而是一颗从伤痛裂缝里长出的果实，既神圣又美好。

鱼缸实验（注意：本实验最好有专业心理工作者陪伴，如果你没有准备好，可以不做）

- 体验者：你有什么想要放下，但还没有放下的议题吗？如果有，为这个议题找一个替代物品作为这个议题的隐喻；你可以试着在自己与这个替代物品之间创造一个令自己感到安全、舒适的距离；以自己可以承受的速度缓慢靠近这个替代物品，如果你准备好了，可以拿起这个替代物品，看看这一过程会给自己带来什么感受？

- 体验者：如果有想要对这个议题背后的人说的话，可以试着说出来，或写下来。

- 体验者：如果完成了上面"拿起来"的仪式，可以尝试放下这个替代物。体验这个放下的过程，看看会给自己带来什么感受。

我怎么才能做到　　你为什么一定要接纳那么多东西？
接纳一切的发生？　不接纳不行吗？

07 接纳自己的不接纳

我遇到过一些生命的修习者,他们希望通过学习让自己成为能"接纳"一切的人。这些修习者令我印象深刻的地方在于,他们即使被冒犯也不会表露出不接纳的言辞和态度。用最近一个比较通俗的说法,就是"佛系"。但我发现这样的佛系状态通常维持不了太久,会在某一个时刻去到另一个极端,变成"魔系",或者变得麻木,当事人即使被侵害也不自知。

在我看来,修习接纳的关键不在接纳本身,而是知道自己的边界在哪里,懂得自己什么时候可以接纳,什么时候要表达不接纳。如果一个人无法拿出不接纳的勇气,就无法为自己设置一个自我保护的界限。没有界限的"佛系"看似是无条件的接纳,其实是不安全的、刻板压抑的,根本无法持久。

在一个家庭教育的主题沙龙里,一位一直在学习自我成长的家长向我提问。她说,她在年初给自己立了一个 flag(目标)——她要求自己在这一年里刻意练习对孩子的无条件接纳!但只过了半年她就受不了了,她很自责自己学习了这么久还是做不到接纳。她问我,她怎样才能做到接纳?

我没有直接回答她的问题,我问她:"你接纳自己的不接纳吗?"

这位妈妈愣了一下,摇摇头,说:"我接纳不了。"

头脑说
"要接纳"

身体的反应是
"不接纳"

我告诉她，在接纳孩子之前，要先练习对自己的接纳，特别是练习"**接纳自己的不接纳**"。很多时候，人们理解的接纳是来自头脑的声音，比如影响这位妈妈的声音是："我要接纳孩子，我要允许一切的发生。"但在这个"接纳"的声音之外，她紧绷、僵硬的身体表达出来的却是"不接纳"。

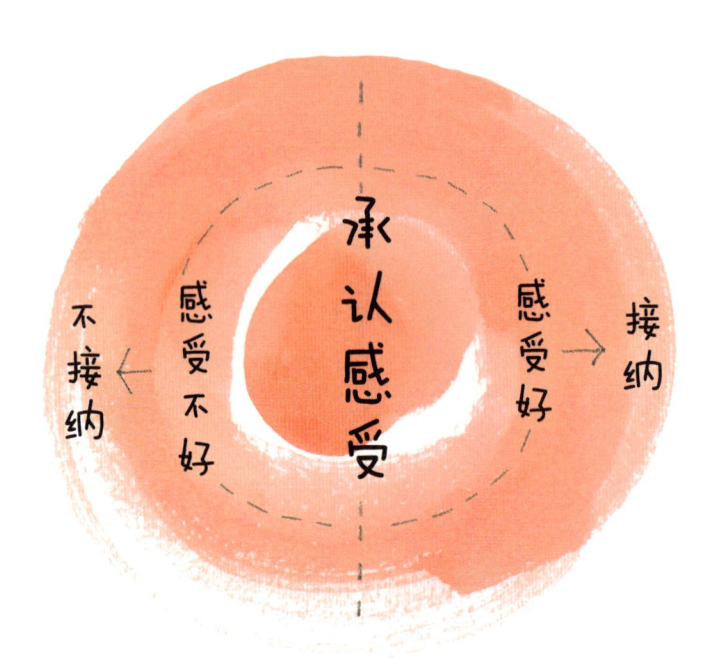

承认感受
- 感受好 → 接纳
- 感受不好 → 不接纳

对于个体而言，衡量接纳与否的依据不是那些来自外界的观点、道理、标准，而是当事人所体验到的真实感受。

我对这位妈妈说:"如果你真的想要做到允许一切的发生，那么我所理解的'一切的发生'既包含了孩子的表现，这是你外在世界的发生，也应该包含孩子的表现带给你的情绪、你身体的感受，这是你内在世界的发生。"

我建议她把接纳的焦点从孩子的行为转变成自己的内在世界，在自己感受不好，做不到接纳的时候，用"承认"来练习与自己的不接纳相处，她可以这样说：

"我承认我现在的感受不好，我承认我现在还做不到接纳。"

她更可以把"感受不好"换成具体的情绪词，比如她可以这样说："我的孩子这次考试不及格，我承认这个成绩令我感到挫败，我承认我刚才太生气了，对孩子发了脾气，我承认当下我很自责！"

通过"承认"的句式，她就有机会穿越头脑的评判，看见一个真实的自己，并与自己当下真实的体验和解。**一个人只有先与自己的内在世界和解，才能与周遭发生的一切和解。**

对我而言，若接纳的声音来自头脑，我的行为会变得急功近利、矛盾混乱。而我的心跳、呼吸、身体的紧张与舒缓感受是生命演化了亿万年的智慧。我的感受一直在提醒我，发生了什么是我接纳的，发生了什么是我不接纳的。当我既可以承认外面世界的发生，还可以承认当下体验到的情绪感受，承认我可以接纳，也可以接纳自己的不接纳时，我就将自己还原成一个有喜怒哀乐、既真实又独立的人，而不是可以接纳一切的神！

鱼缸实验

- **体验者**：如果你当下有一些要去接纳但还没有做到接纳的议题，那么，此刻带着这些议题回到自己的内在体验和感受。你可以循环以下句式："我承认，每当我想到（遇到）……我的身体就感到……"不停笔地写3分钟，或者至少写10条。

- **观察者**：写完后，可以将这些文字读给自己听，体会读这些文字时你的身体会有什么感受？透过这些文字，你有什么发现？

好神奇！
当我承认自己的感受时，
就可以对别人说"不"了！

嗯，恭喜！
你开始对自己说"是"了！

"感受不会骗人!
感受好就是接纳,
感受不好就是不接纳。"

我如何才能像鸟一样自由翱翔于天空？

?

我如何才能像鱼一样自由畅游于水中？

?!

看来，我们都是在某些方面是自由的，在某些方面是受限制的。

什么是自由？

自由是存在于限制之内，某种需要被尊重的东西！

那限制又是什么？

限制是用来框架自由的东西！

限制之外是什么？

是其他人需要被尊重的自由！

● 鱼缸实验

- **体验者**：用一张A4纸当作你自由创作的空间。在这张纸上，用5分钟的时间自由放入任何内容，画、写、粘贴，或者其他你喜欢的任何方式都可以。总之，放入什么，怎么放，都是你的自由。

- **观察者**：在这个自由创作的过程中，你已经与这张纸建立了一种特定的关系，这种特定的关系就是"限制"。

  你喜欢这个限制吗？
  如果喜欢，这个限制对你自由创作的意义是什么？
  如果不喜欢，原因是什么？你可以怎么调整这个限制，让自己能享受自由创作的过程呢？

- **觉悟者**：完成上述练习后，对于你来说，你怎么看自由与限制的关系？

08 自由与限制

如果你认为"去掉限制"就等于获得自由,这样的认知往往会让你感到失望和挫败,因为"去掉限制"这个说法本身就是一个新的限制。需要澄清的是,我本人并不反对去掉某些限制,但我想提醒读者,限制不仅仅是自由的阻碍,更是自由一体两面的必要组成部分。就像左边这一页的自由创作练习,你所有的自由创作都需要以一个限制为载体和框架,即便你突破了原有的限制(A4 纸),还是需要在一个新的框架内完成创作。

生活中很多限制并非如换掉 A4 纸那么简单,往大了说,比如生死、时间、四季往复,往小了说,比如我们的身体、心跳、呼吸,这些我根本去不掉的限制让我改变了对限制的"敌意",进而选择一种更为善意的态度面对限制——**我承认自己就是一个有限制的人,但当我可以与限制共舞时,我就自由了。**

用一句话概括自由与限制的关系:**自由是因为有了限制才变得具体,可以实现!**

在一次心理咨询中，我问我的来访者 W："如果不给你任何限制，你的人生会是什么样子？"

W 顿了顿，说："我想一个人自驾旅行，走遍全中国，甚至全世界。"

W 是一位企业家，自驾旅行一直是他的梦想。两年前 W 为自己买了一辆高大威猛的越野车，但这辆车绝大多数的时间是停在车库里吃灰。W 认为是家庭限制了自己实现梦想的自由。

如花："为什么说是家庭限制了你的自由？"

W："我有 3 个孩子，最小的一个才 4 岁。我得等到把他们一个个养到 18 岁成人以后才能获得真正的自由。"

如花："按照这样推算，要获得你想要的自由，你至少还得等 14 年。"

W："的确是个漫长的过程……"

如花："如果这个限制真的要等 14 年后才能消失，那么你在这 14 年里怎样才可以既与这个限制相处，同时又能获得一部分自由，帮你度过这 14 年？"

W 被这个问题问住了，他似乎从没想过这个"与限制共处"的议题。他想了一会儿，说："也许……我可以带着家人一起自驾游……虽然这样的方式不像我想要的'说走就走'那样玩儿得痛快，更不可能一整年都在外面玩儿，但毕竟还是出来玩儿了。"

如花："如果可以这样做，对于喜欢自驾的 W 的帮助是什么？"

W："好像家人并不是我的限制，他们也可以成为我实现梦想的一部分。而且，如果他们和我一起出行，我会更多地考虑他们的需求，安排更安全、稳妥的路线……"

在 W 的旧认知中，家庭责任与他的自驾梦想是对立、竞争的关系，家庭成了他实现自由的阻碍和绊脚石，因此创造了冲突的家庭关系！

在 W 的新认知里，家庭的责任与 W 的梦想变成了合作的关系，这样的新关系给 W 带来了和家人一起自驾游的灵感。在新关系中，限制 W 的不再是家人，而是"考虑家人的安全"，家人成了 W 与"新限制"共处的动力！

在那次咨询结束的两个月后,我收到了 W 发来的信息和照片。W 告诉我,他正开着他的宝贝越野车载着家人行驶在去往云南的公路上……

W 用行动证明——人生无处不限制。与其做去掉限制的斗士,不如成为与限制为伴的舞者。就像 W 眼前这条在青山绿水间延绵的山路,虽然限制了他行驶的自由,却能助他翻山越岭,终将带他去到想去的地方。

我发现，限制我的是我对"限制"的认知，而非"限制"本身！

好吧，也许你是对的！但你怎么才能让自己飞起来呢？

● 鱼缸实验

- 觉悟者：发挥你的想象力，如果你是一条想要自由翱翔于天空的鱼，你可以怎么做来帮助自己与自己的限制相处，实现飞翔的自由？

- 觉悟者：如果我问你，"不给你任何限制，你的人生会是什么样子？"你会怎么回答这个问题？

  回到现实，在实现这个梦想的过程中你遇到的限制是什么？如果把限制当作这个梦想的一部分，怎么做，既可以让你与限制相处，又可以帮助你多靠近梦想一点点？

我什么时候才能活得像你一样自在?

当你成为你自己的时候。

我如何才能成为我自己?

你本来就是你自己,难道还是别人?

可是我怎么没有自在的感觉呢?

因为此时的你自己还在寻找自在的过程中呀!

我什么时候才能找到呢?

当你不去找的时候。

09 追求"自在"的不自在

现在已经是晚上 10 点 13 分,我还在电脑前冥思苦想如何给这段关于"自在"的漫画配上注解文字。就在我等待灵感到来的某一个时刻,我的"观察者"突然跳出来提醒我:"哎,老兄,你正在执着追求的注解文字恰恰成了你此时此刻'自在'的绊脚石。"

我想也对哈!写出关于"自在"的文字是我的目标,为了追求这个目标反而影响了我的休息,我是在自找不自在。

我问我自己,此时此刻,如果我想要创造自己的自在,我可以怎样做?答案是:"停下工作去休息。"

我发现,**当我在追求什么,我就会与我的追求对象形成一个束缚的关系。**一段文字也好,对自在的期待也罢,追求的金钱、成就、关系都是如此。执着于"追求目标"不是错,只是要知道为了追求那个目标一定要付出"不自在"的代价。就像现在的我,虽然知道要休息,但依然没有停笔,因为我愿意用我的"不自在"换得一段时光,记录下刚刚的发现和心得,作为左边漫画的注解。

达到"不执着""无欲无求"这样的圣人标准真的很难!如果做不到,就允许自己一边执着,一边接受那些"不自在"吧。写到这里终于可以停笔道晚安了!

> ● 鱼缸实验:这一篇就不做实验了,大家都自在!

这本书读到这里，我还是不明白念头是什么？

你的这个问题就是个念头！

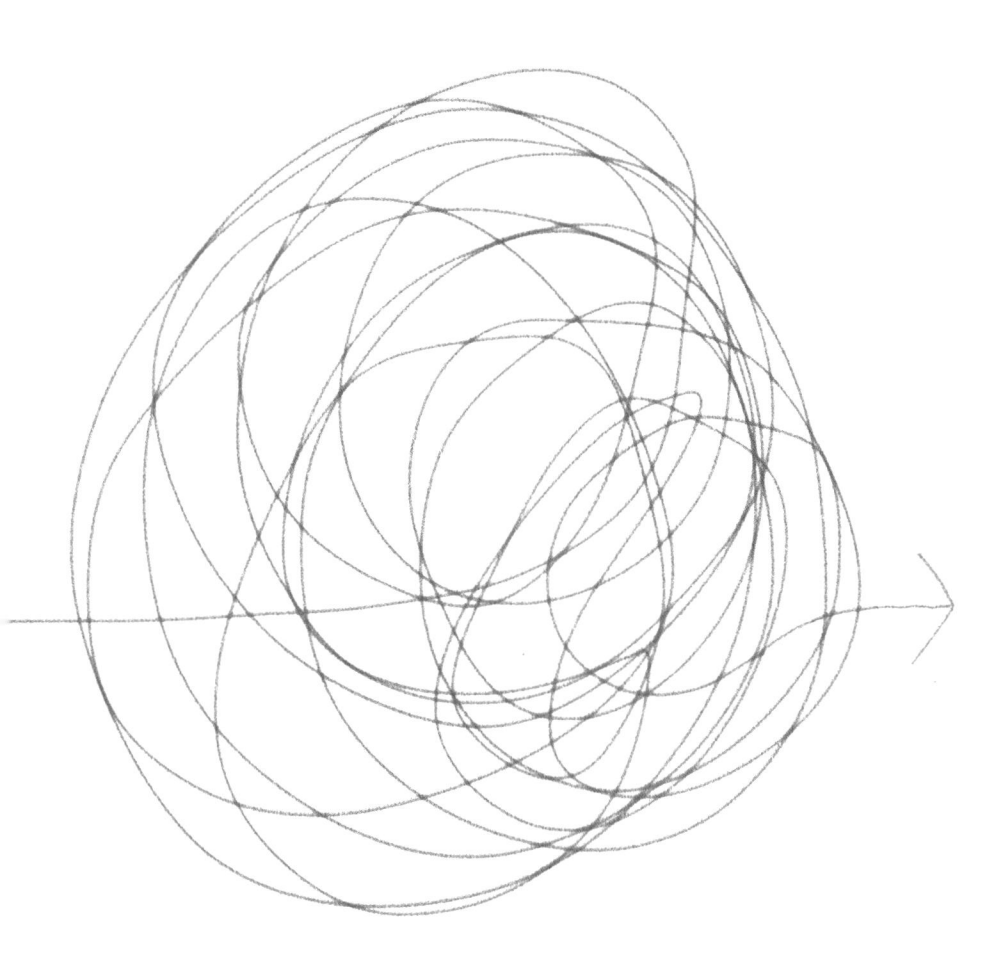

10 念头与呼吸

哈佛大学心理学家马修·基林斯沃斯和丹尼尔·吉尔伯特在 2010 年的一项研究中发现，人们平均有 46.9% 的清醒时间处于"思维游荡"（mind-wandering）状态，且这些思维常与负面情绪相关。

我们的大脑好比是个高配置的 CPU，但这个 CPU 经常要忙着处理各种无用信息，白白消耗宝贵的算力和能量。日常生活中，应对 CPU 高负荷工作的方法是把电脑关机、重启，帮助 CPU 冷却，恢复功能。对于人类高速运转却低效的大脑来说，给大脑按下"暂停键"同样有效。

但问题是，我们不可能用一个念头要求另外一个念头停下来。比如，"不去想"就是一个听起来很有道理的念头，却对于停下高速运转的大脑没有任何实际的帮助。就像我要求你"不要去想一头粉红色的大象，不要去想一头粉红色的大象，不要去想一头粉红色的大象……"，你会发现自己的脑袋里真的会出现一头粉红色的大象，而且这头粉红色的大象会被大脑描绘得越来越清晰。

"不去想"带来的这种反向效应被心理学家称作"反向强化"。也就是说，你越不要去想，反而越会强化这个"'不要去想'的念头"。**大脑的特质决定了它就是喜欢创造各种各样的念头，根本停不下来。因此，大脑的"暂停键"不是大脑本身。**

其实，我们的祖先很早就发现，真正能让飞驰的大脑停下来的是生命与生俱来的本能——呼吸。与纷乱多变的念头比起来，呼吸是生命最稳定、简单、朴素的存在形式。关注呼吸，就是将自己的意识与呼吸连接，用如潮汐一般一呼一吸的韵律帮助飞驰的大脑停下来，休息一会儿。

原力呼吸轮

我为自己专门设计了一个图案，帮助我关注呼吸，调整呼吸的节奏，停下胡思乱想的大脑。作为电影《星球大战》的影迷，我给这个图案命名为"原力呼吸轮"。具体的使用方法如下：

将自己一根手指的指尖放在图案中的一个圆环上，让指尖沿着这个圆环匀速移动，顺时针、逆时针方向都可以；指尖每移动完整的一圈，你的呼吸也要跟随指尖的移动完成一次完整的吸气、呼气循环。

在这个一边画圈一边呼吸的过程中，去感受自己呼吸的速度。如果感觉呼吸太快或太慢，让自己不舒服，则调整指尖的位置，选择半径更大或更小的圆环，也可以调整呼吸和指尖移动的速度，直到你感到自己的呼吸与指尖的移动可以完美配合，且令你舒适。

然后，保持呼吸与手指画圈的频率，目光始终跟随指尖。允许自己在这样的舒适状态下停留一段时间，帮助自己恢复"原力"！

当然，我也鼓励你创造出适合自己的呼吸方法。

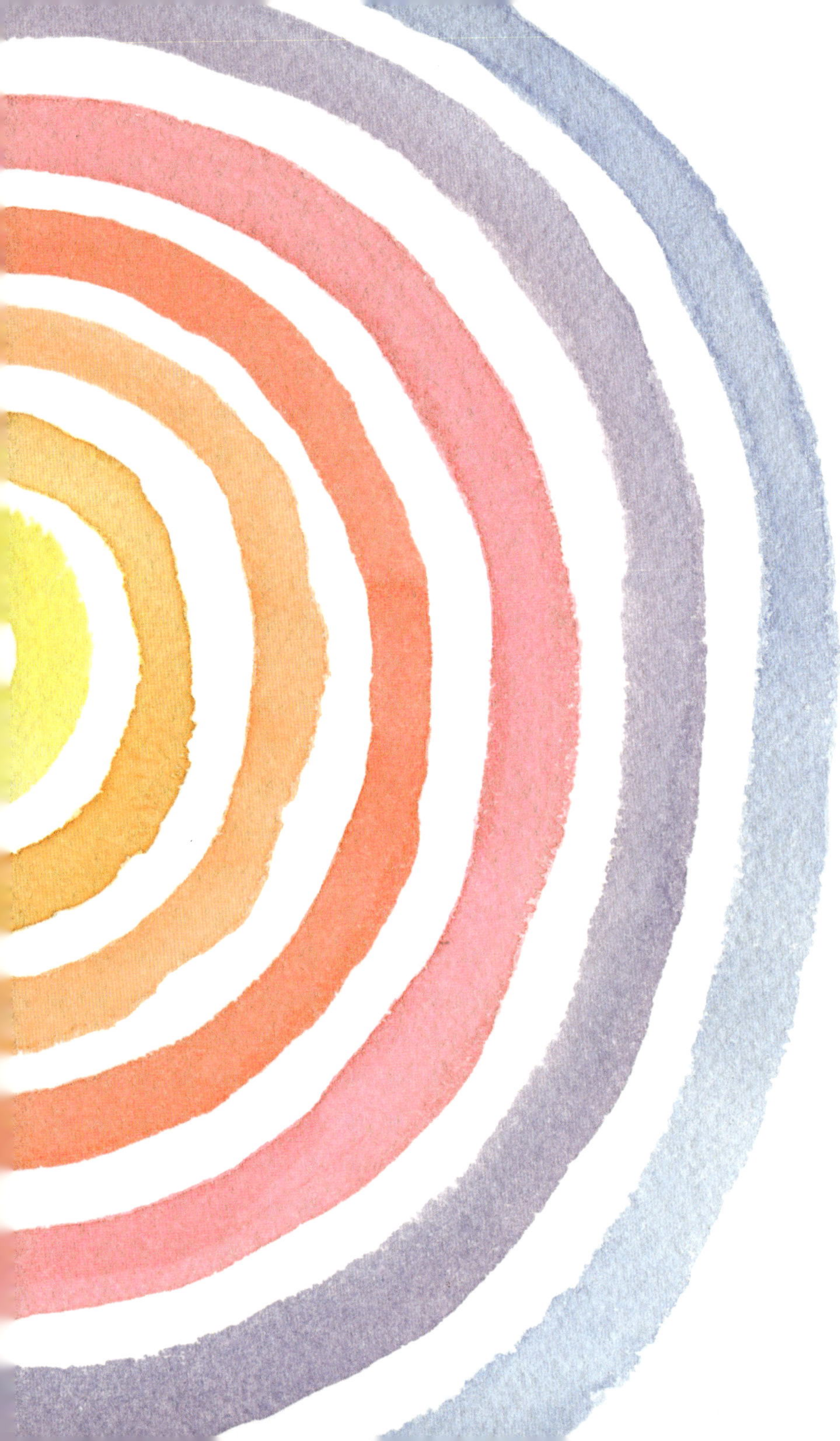

请告诉我，我该如何管理自己的情绪？

请告诉我，我该如何管理日月星辰？

实验2
情绪篇

我如何才能战胜自己的脆弱，让自己变得勇敢、坚强？

去拥抱自己的脆弱，而非战胜脆弱。

01 脆弱与勇敢

人们喜欢将勇敢与强大联系在一起,却容易忽视还有一种勇敢是基于人对脆弱的认同。经历了很多以后我才发现,我的眼泪可以让我的世界变得柔软,充满善意。现在我终于有勇气承认,我就是一个很敏感、很脆弱、很容易焦虑,特别会哭的人。我有时会害怕,对未知既兴奋又恐惧。但以上的特质并没有影响我在这个世界生存,反倒塑造出一个独一无二的我。

我想对如此独特的自己说:"我越来越喜欢这个允许自己的情绪流动,真实且生动的自己。能在这个充满对脆弱的偏见、硬邦邦的世界里把自己活成一个真实的人的样子,会笑也会哭,会受伤也会疗伤,我真的够勇敢!"

● 鱼缸实验

- 观察者:在身边找一个物品代表你生命中的"脆弱",你的"脆弱"是什么样子的?平时你会把"脆弱"藏在哪里呢?
- 觉悟者:如果可以用善意的眼光看待自己的"脆弱",你会怎么理解自己的"脆弱"?如果你可以用善意的方式照顾自己的"脆弱",你会怎么看这样一个能照顾"脆弱"的自己?

● 小乌云

一天，伊莫先生路过情绪伙伴商店，
看见橱窗里有一朵非常可爱的小乌云。
伊莫觉得这朵有一点点忧郁的小乌云
很像他自己，于是他决定选这朵小乌
云做朋友。

伊莫和下小雨的小乌云在一起，
小乌云变成了小可怜！

伊莫和不下雨的小乌云在一起，
小乌云是小可爱！

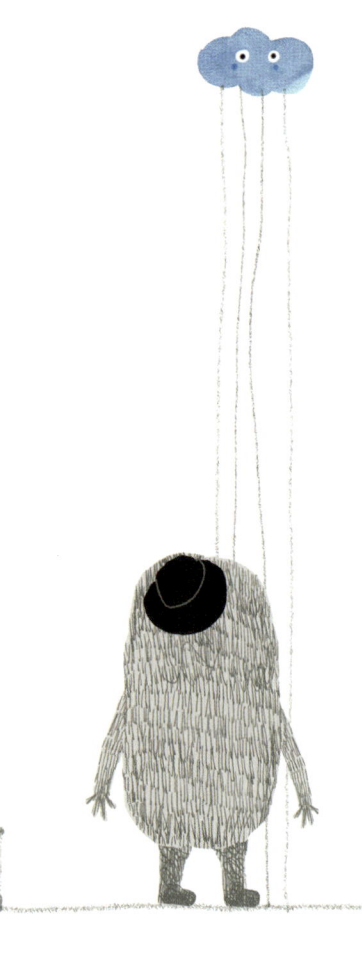

伊莫和猜不透的小乌云在一起，小乌云会搞"雨点攻击"，吓伊莫一大跳！

伊莫和怪物小乌云在一起，小乌云变成了暴风雨，一点都不可爱！

如何让
不下雨

Master

作者：马斯特

小乌云

"主人……"

"你必须学会管理你的小乌云,成为小乌云的主人!"

小可爱守则

不下雨
不许闹
要听话
有礼貌

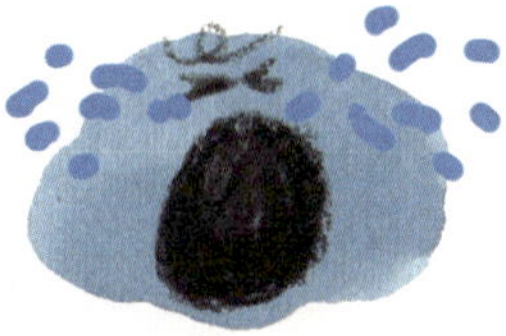

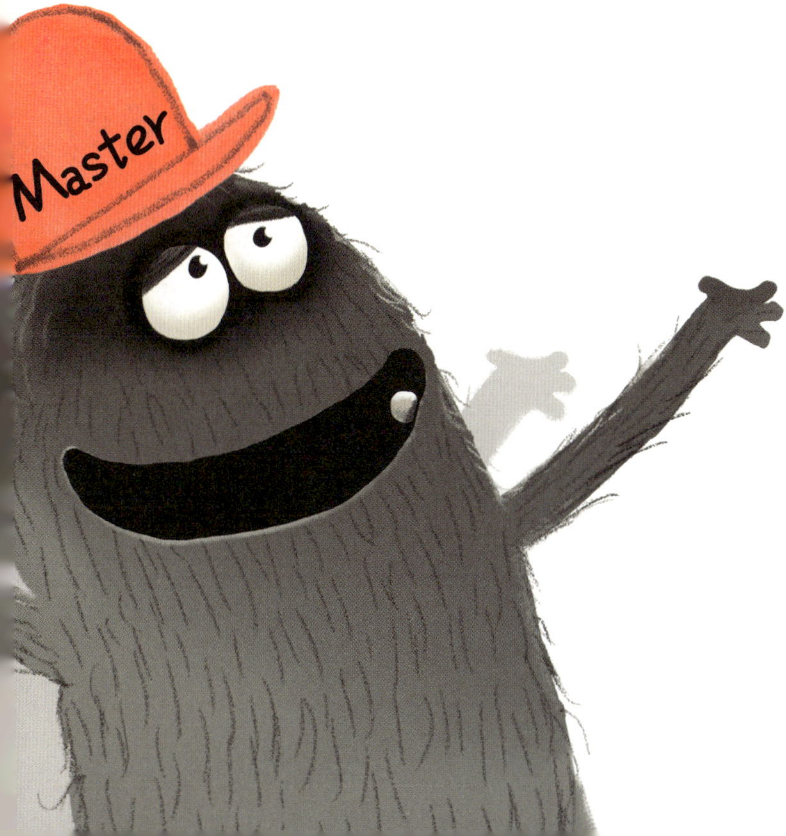
Master

"要是这朵小乌云不听你的话……"

"你不如把它丢掉,换成那些既听话又不会下雨的云!"

伊莫先生决定做听话的伊莫。对他来说，丢掉小乌云也许是个正确的选择！

"现在,
你已经成为管
理云的高手!
所有的云都将
听命于你!"

"主人，请您吩咐！"

"我们来给主人唱首歌吧！"

"啦啦啦啦……"

"小乌云也有不下雨的时候！"
这么一想，

伊莫开始**后悔**了！

"小乌云喜欢下雨，是它的错吗？"

伊莫有些**内疚**了！

"主人的天空永远是那么晴空万里!"

"万里无云!"

"无云! 这不就等于没我们什么事儿了?"

"小乌云不听话、不会唱歌、不会讲笑话, 只会下雨。
但没有它, 我为什么会感到

无助和悲伤?"

"没有了小乌云的'雨点攻击', 生活里好像少了重要的东西……"

伊莫感到一阵**孤独**袭来!

Master

"是什么湿湿的、热热的,在我眼里滚来滚去?"

"啪嗒!"

天呀!伊莫先生发现自己竟然也会下雨了!

"啪嗒……啪嗒……"

"啪嗒……啪嗒……"

是小乌云回来了!
"雨点攻击"也回来了!

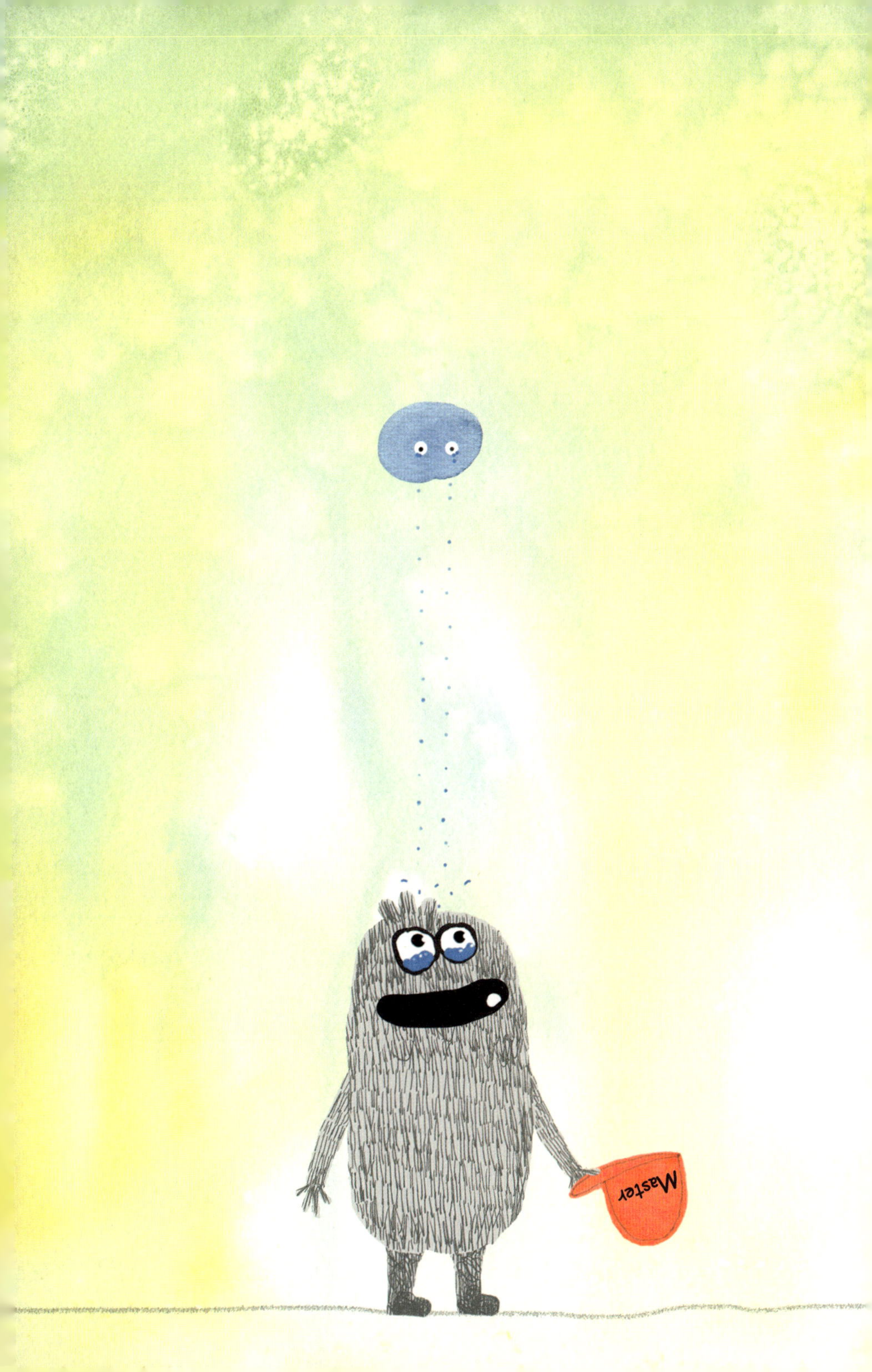
Master

"从今天起,无论小乌云下不下雨,
它都是小可爱!"

天空飘来好大一朵乌云，
开始下大雨了……

伊莫先生看见朋友们在雨中撑起了一把把雨伞。他突然知道怎么与小乌云相处了！

"小乌云就是会下雨的!"

伊莫不需要成为小乌云的主人,
不用去管理小乌云,
不用把它改变成不会下雨的小乌云!

伊莫只需要在小乌云下雨的时候,
照顾好自己,
为自己打开一把伞。

02 情绪管理的误区

为了了解现代人对情绪的理解和定义,我查阅了很多资料。这些来自生物学、神经学、脑科学、心理学、哲学的视角丰富了我对情绪的认知。但我也在想,我们的祖先历经数百万年的演化过程,在没有这些研究成果的时候,他们是怎么看待情绪的呢?他们是怎么表达自己的情绪的,又是怎么建构自己与情绪的关系的呢?会不会,曾经有一位古人静静地望着远方的一朵云说:"这朵云如我!"他周围的人便懂了他,知道他发生了什么?

通过"小乌云"的故事,我其实是想把我对情绪的理解还原到最广义、最朴素的认知——**情绪和云一样,是自然的现象,或者说是一种生命可以感知的自然能量。**

现实生活中,我常常会听到人们说"你要学会管理自己的情绪""你要做情绪的主人",但我从没有听到有人说"你要学会管理乌云""你要做乌云的主人"。很显然,人们是知道自己管理不了乌云的,但人们却相信自己可以成为情绪的管理者、情绪的主人。

"情绪管理""做情绪的主人"这些听起来很有力量、积极且无比正确的现代说法其实暗藏着人们对自己以及情绪的认知偏差。这些说法将人与情绪的关系建构成一种管理与被管理、主人与仆人，甚至是对立的关系。这种关系的风险在于，它将人置于强的一方，夸大了人的能力，而忽视了情绪的自然属性。

其实，现代人在情绪面前扮演强者恰恰是自己焦虑的根源。来做个实验，先请你扮演强者，试着管理自己的情绪，对自己说："我不要紧张，我现在必须让自己放松下来。"看看这个强者的声音会带给身体什么感受；接下来换一种不控制情绪的说法："我可以紧张！我允许自己可以不那么放松。"第二种声音会给你带来什么感受？

通常，我们的头脑会更认同第一种声音，但真实的情况是，第二种声音更容易给人带来松弛感。

在人际关系中你会发现一个现象——**越想控制，越被控制**。比如，家长希望孩子在玩手机这件事上能遵守每天只玩 1 小时的约定。表面上看，家长在管理孩子的行为，实际上，孩子与手机的关系也在反过来影响着家长的情绪。管理者（家长）和被管理者（孩子）形成了一种彼此束缚的关系——当家长成为孩子玩手机这个行为的管理者时，孩子拿起的就不仅仅是手机，而是家长情绪的遥控器。一旦管理失败，家长就很容易产生自责、挫败、焦虑等情绪，陷入"管理—失控—更大的焦虑—追求更大的掌控感—强化管理"的循环。我称这个循环为：**强者的焦虑循环**。

同样，在人与情绪的关系中，当人把自己置于强者、管理者的位置时，会更容易被情绪影响，陷入强者的焦虑循环。

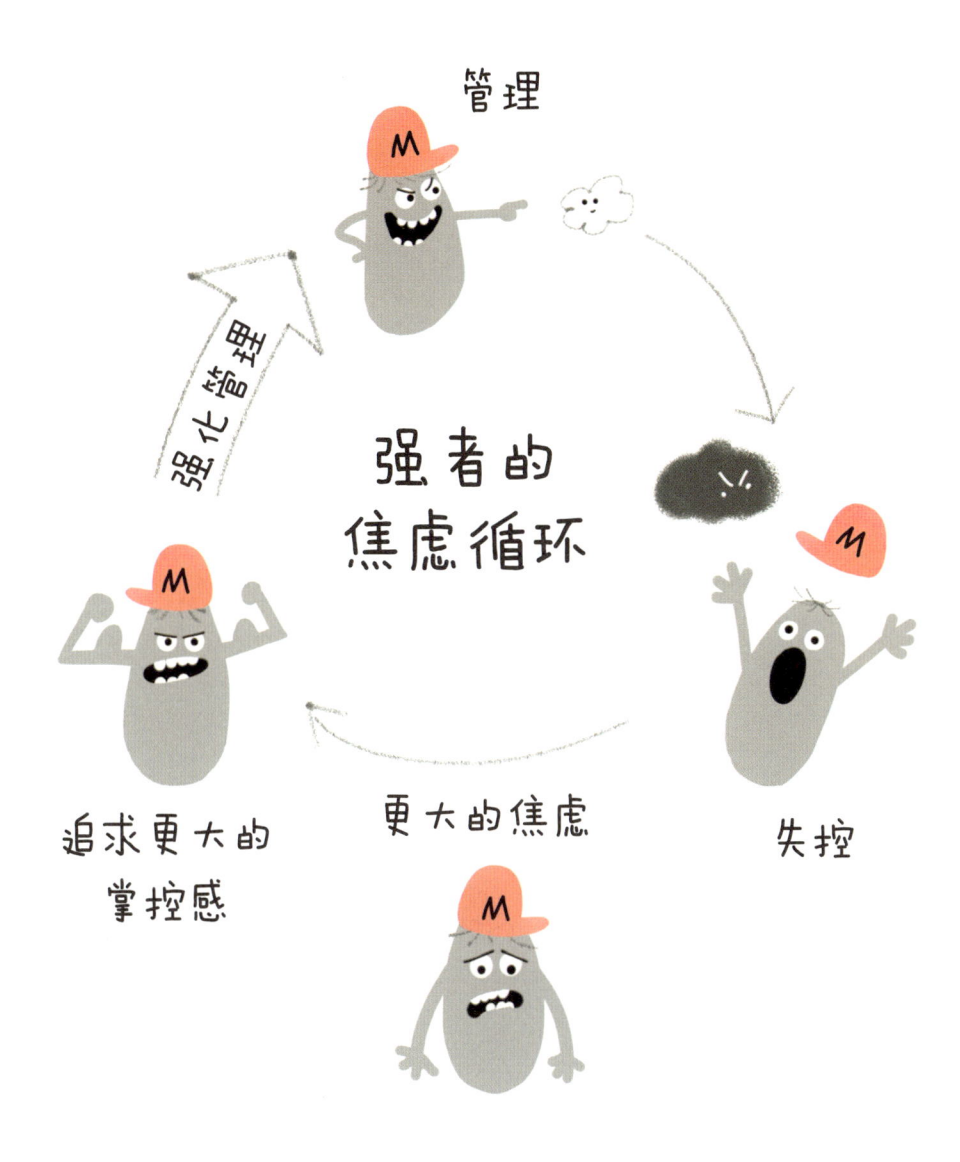

强者的焦虑循环

- 管理
- 失控
- 更大的焦虑
- 追求更大的掌控感
- 强化管理

人们想要获得更多的掌控感并不是一件错事,因为掌控感是创造安全感的必要条件。但**人们在情绪面前之所以容易失去掌控感,最根本的原因是——我们选错了管理的对象!**

因为:

> 我们管理不了情绪,
> 我们能管理的是回应情绪的方式。

心理学家把那些不能由我们主导管控的问题称作"外控型问题"(假问题),把那些可以被我们管控的问题称作"内控型问题"(真问题)。

比如,今天伊莫正要出门时遇见了下雨天。通常,人们会把下雨当作问题。但下雨并非伊莫能决定的,所以下雨就是个外控型问题,对他来说,下雨是个假问题。伊莫真正要关心的是,怎么做才不会被雨淋湿?伊莫可以打伞,或者选择适当的交通工具,或者取消行程。如何不被雨淋湿是伊莫能掌控的问题,是个内控型问题,对伊莫来说就是个真问题。

日常生活里还有很多外控型问题与内控型问题被错用的案例,比如"时间管理"。时间是一种客观存在,不会因为有人对它进行管理就停下来,或多一秒、少一秒,时间不会听命人类的调遣,因此时间是个外控型问题。时间管理的本质是如何在有限的时间内合理地分配自己的精力,而非管理时间本身!

其实,情绪和时间一样,是一种自然力量,是个外控型问题。而如何与情绪相处,就好像下雨天为自己打一把伞,才是人们能掌控的,是个内控型问题,是个真问题。

对于伊莫先生来说，下雨是不能由他控制的，是个外控型问题（假问题）。

如何在下雨时不被淋湿是伊莫先生可以掌控的问题，是个内控型问题（真问题）。

下雨时为自己打一把伞，伊莫先生在"下雨"这个事件里就获得了掌控感。

5种充满善意的回应情绪的方式！

你也许会说："我就很善于管理情绪！当我焦虑时，我可以练习正念、运动、倾诉、独处，这都是我成功管理情绪的方式呀。"我想说，通过练习正念、运动、倾诉、独处等方式，你管理的是此时此刻自己的注意力，改善了身体状况，寻求到了资源支持，调整了环境，创造了属于自己的精心时刻……这些恰恰是你可以掌控的回应情绪的方式，而非情绪本身。

下面，我提供5种善意的回应情绪的方式供读者参考。需要强调的是，**所谓"善意"，一定要尊重当事人的意愿，当事人想做再做，切不可借"善意"之名强迫当事人做不想做的事。**

- 管理注意力：

练习身体正念，将注意力放在自己当下的呼吸和身体感受上。

专注地闻一朵花的香味，或者听小鸟唱歌，让气味和美妙的声音唤醒你的感知觉！

- 改善身体状况：

规律的作息和充足的睡眠可以带给你良好的精神状态，当然 10 分钟的小憩也很甜蜜！

运动可以促进体内多巴胺和内啡肽的分泌，给你带来愉悦、舒适的感受！

- 寻求资源支持：

找一个信得过的人倾诉自己的心里话！倾诉对象也可以是植物、小动物或者你的毛绒玩具。

写情绪日记，与自己的情绪对话！从"亲爱的某某情绪，我看见了你"这句话开始写，写完后念给自己听。记住，你也可以是自己的资源。

- 调整环境:

断舍离,和自己不需要的物品好好说再见。

离开原地,去没去过的咖啡馆喝咖啡,或者来一场说走就走的旅行。

- 创造属于自己的精心时刻:

送自己一份礼物。这份礼物不必很贵重,但一定要让自己心生欢喜。学习没有缘由地心疼自己。奖励自己是每一个人的必修课。

亲手为自己做一顿美味大餐。从准备食材到烹饪,再到享用美食,整个过程其实都是在回答一个问题——我要什么?你要做的就是把你想到的答案制作出来,然后吃掉!

创作小乌云的故事就是我带着善意回应情绪的方式。这个过程让我有机会反思自己与焦虑、失落、孤单、悲伤的关系。我想感谢小乌云，因为是小乌云教会我：**情绪不是我要打败的对手，更不是听命于我的仆人。情绪是自然而然的生命能量，是人类适应内外界环境变化，迎接挑战的生命资源，需要被善意地对待。**

写下这段文字时，这朵爱下雨的小乌云就静静地待在我的身后。我想告诉我的小乌云，你喜欢下雨，那不是你的错，而是你宝贵的特质！从今往后，当你下雨的时候，我再也不会要求自己变得强大，去管理、改变甚至赶跑你。我会为自己撑起一把伞，好好照顾自己，也好好照顾爱哭、爱闹的你。如此，我的生命里就多了一位湿漉漉、让人捉摸不透的朋友。多亏有了你，我才体验到什么是同理与共情，才分辨得出生命中细微的愁苦与感动，才懂得人世间的悲欢与离合。

鱼缸实验

- 观察者：最近的你是否遇到了一朵爱下雨的小乌云（你的负向情绪）呢？它的出现对你的影响是什么？小乌云是怎么来的，又是怎么离开的？

- 观察者：当你把小乌云当作需要被管理的对象时，你的身体会有怎样的感受？当你把小乌云当作自己生命的资源和伙伴时，你身体的感受又会是怎样的？

- 觉悟者：如果请你来写一本名为《如何与爱下雨的小乌云相处》的书，你会怎么写？

如何与
爱下雨的小乌云相处?

小乌云喜欢被这样对待:

小乌云不喜欢被这样对待:

悲伤
Sadness

如何将外控型问题转换成内控型问题

外控型问题背后的动力是让他人（外界环境）做出改变，其本质是把解决问题的主导权交给别人，让别人为问题负责。而内控型问题背后的动力是由"我"来为问题负责，做出改变的人是"我"。**将外控型问题转换成内控型问题的具体方法是，内控型问题的问句一定由"我"开头，并且关注点放在自己可以掌控的行动和资源上。**

外控： 如何让别人喜欢我？

内控： 我如何爱我自己？

我当然可以期待别人喜欢我，但要知道，"别人喜不喜欢我"那真的是别人的事。想象一下，如果这个世界只剩下一个人可以爱我，那这个人一定不是别人，而是我自己。因此，**当我可以爱自己，我就拿回了"爱"的主权！**

外控： 如何让病痛消失？

内控： 我可以做些什么，才能与病痛和平相处？

很多情况下，病痛（症状）是否消失并非由当事人说了算，甚至有些病痛（症状）要伴随人的一生。如果对抗无效，那么可以问问自己，假如病痛（症状）一直存在，我还能做些什么可以让自己好过一些？

外控: 如何让别人做出改变?

内控: 我如何调整自己,创造我们彼此都舒服的关系?

一个人很难改变另一个人,但却可以通过自己的改变创造新的关系。关系的美妙之处在于,当关系变了,关系中问题的性质也就变了。因此,**不要让个人承担问题,而是把问题放在关系中,用温暖的关系来融化问题。**

鱼缸实验

- 觉悟者:写下一个正在影响你的"外控型问题",然后尝试把它转换成"内控型问题"。

    外控:_____

    内控:_____

- 观察者:完成上面的转换后,分别把这两句话读出来,看看两种不同的对问题的说法会给自己带来什么不一样的感受。

- 觉悟者:如果把这个正在影响自己的问题转换成内控型问题,你的生活、关系会发生什么变化?

"人生苦短,
何必在与情绪的对抗中消耗自己呢?

山高水长,
我宁愿把情绪视作我生命的合作伙伴,
陪我活出一路好风景。"

你准备好了吗？

嗯！

03 眼泪湖

我时常会听到一些对眼泪带有偏见的声音，比如：
"别哭！这有什么好哭的？！"
"好啦好啦，一切都会过去的。"
"再哭就不喜欢你了！"
"快把眼泪擦了，这样太丢人！"

这些声音都在传递一个讯息——眼泪以及与眼泪有关的情绪是不好的、消极的，甚至是错误、病态的，需要被纠正。这个被建构出来的认知不但不能帮助当事人缓解情绪，反而会给当事人带来更大的焦虑、自责和羞耻感。

不可否认，不同的情绪确实会带来不一样的体验和感受。但痛苦也好、开心也罢，我们不应该用这些实实在在的体验和感受来评判情绪，给情绪贴上对错、好坏、积极或消极的标签，甚至要求自己或他人保持怎样的情绪，排斥怎样的情绪。在心理工作实践中我会提醒自己，**没有错误的情绪，只有错误的"人与情绪的关系"**。我会带着一份善意，中立地看待每一个情绪。我会用"带来好感受的情绪"或"正向情绪"来代替"好情绪"的说法，用"带来不好感受的情绪"或"负向情绪"来代替"坏情绪"的说法。

我相信，大多数人见不得眼泪，急着帮助别人擦掉眼泪，或者要求正在流泪的人把眼泪憋回去，也是有一份善意和心疼在。人们会以为如果挂在脸上的眼泪消失不见，当事人就从悲伤、痛苦里走出来了。但事实并非如此，**如果脸上的眼泪没有了，心里的泪水因为没了出口，会越积越多，变成眼泪堰塞湖，带来更多看不见的痛苦。**

你发现了什么?

我想强调的是，**造成人们痛苦的根源不是眼泪，也不是与眼泪有关的情绪，而是我们应对情绪的方式出了问题。**在崇尚积极、正向情绪的文化中，人们只能活出自己可以被社会接受的一部分，而隐藏、压抑那些不被社会接受的部分。这就造成了人们无法安全地表达自己的真实感受，不能饱满地活出自己本来的样子。

我想传递与主流文化不一样的讯息——**情绪健康的特征不只在于一个人是否能够保持稳定、积极的情绪状态，更在于一个人可以心安理得地拥有包含负向情绪在内的丰富的情绪资源，允许这些情绪充分地流动，并可以与情绪自如地合作，活成真实而灵动的生命样貌。**

在咨询室里，面对正在流泪的来访者，我不会"好心"地将纸巾递到他手中，因为这个动作会暗示来访者"眼泪"是不好的。我会把纸巾盒放在来访者触手可及的地方，由来访者决定如何对待自己的泪水。我不会说太多的话，因为我的话语会打断来访者情绪的流动。

我会安静地坐在咨询椅上，默默注视着泪流满面的来访者，就像一位摆渡人将船停在眼泪湖面上，等着面前这位探险家把自己准备好，纵身跃入眼泪湖水中，去寻找藏在湖水下面属于他的生命礼物。

我相信，当来访者带着这份礼物浮出水面，再次出现在我面前时，他的生命会焕然一新。

鱼缸实验

- 观察者：你有自己的眼泪湖吗？如果有，你的眼泪湖被你藏在哪里？在你的身边，谁会陪你去到那里？

- 觉悟者：如果你有机会潜入这个眼泪湖去寻找自己的宝藏，你有可能会找到什么？

你别光哭,你倒是说话呀!
你不说,我怎么知道你要什么!

你说出来,我才知道我能为我的兄弟做些什么!

啪

伊莫不是一直在说他很伤心吗!

他是怎么说的?我怎么什么都没听见?

他一直在用哭的方式"说"呀!

眼泪会说话

小婴儿刚刚来到这个世界时,说出来的第一句话就是用"哭"的方式。没有人会指责这个正在哭的婴儿。当小婴儿哭了,养育者们会用善意的方式去解读小婴儿的眼泪:"我看见宝宝哭了!是不是饿了?要不要吃奶?""是不是襁褓包得太紧,宝宝不舒服了?""宝宝困了吧,我来抱你睡觉!"

随着婴儿一天天长大,婴儿会发展出一种被称作"语言"的表达方式。从此,人们对待眼泪的态度似乎发生了180度的转变。语言在传递信息方面的快速与直接会让人们产生一种错觉,认为来自后天的语言系统是可以替代进化了数亿年的眼泪的,甚至把用语言,而非用眼泪表达情绪当作成熟、高情商的表现。因此,生活中人们通常会希望正在流泪的人能擦干眼泪,说些什么。

虽然语言可以比眼泪更快速地传递信息,但语言会因为过于抽象有其局限性和欺骗性。比如,当一位来访者说自己很"伤心"时,我会留意来访者想要表达的"伤心"和我的人生经验中体验过的"伤心"是不是同一种"伤心"。在心理工作实践中,我发现很多时候来访者说出来的词是"伤心",但藏在"伤心"下面的却是怨恨、自责和无助!

作为心理咨询师，如果我的来访者用语言告诉我他很伤心，我会好奇他所表达的"伤心"究竟是怎样的，我会邀请来访者具体地描述一下"伤心"（心理治疗的情绪外化技术）："此时此刻，如果'伤心'就陪在你的身边，你可以介绍一下你的'伤心'让我认识吗？我很想知道你的'伤心'是什么样子的？"

如果伤心的来访者开始流泪，我会陪着他把眼泪流出来。等来访者的情绪一点一点缓和下来，恢复平静后，我会问："如果眼泪会说话，刚才的眼泪想要表达什么？"

在我看来，正在落泪的人只是暂时把自己还原成不会说话的婴儿，但他的眼泪会说话。

鱼缸实验

- 观察者：如果你也和我一样相信眼泪会说话，你最近一次流出的眼泪想要表达的是什么？你最希望眼泪说出的话被谁听到？

伊莫，我必须非常认真地提醒你：眼泪解决不了问题！

可是我现在只想痛快地哭一会儿，根本不想解决问题！

眼泪的冷知识[2]

对于人类来说,眼泪,或者说"哭泣"有非常了不起的功能。人类的眼泪可以分为三类,分别是:基础型、反射型、情绪型。

1. 基础型

基础型眼泪是人类最早形成的眼泪类型,早在胎儿期就已经出现。它的主要功能是润滑眼球,保持角膜以及视觉的正常功能。在我们睁眼闭眼时,泪腺都会分泌这种眼泪来保持眼球整体的状况良好。

尽管我们平时感受不到眼泪的存在,但它一旦消失,我们就会感觉眼睛干涩难受,而且眼球也会失去抵御病原体侵袭的能力。

2. 反射型

反射型眼泪是我们的眼睛在遭受外界刺激时出现的眼泪。常见的刺激如洋葱的气味、空气中的灰尘等都会导致我们流泪。

3. 情绪型

情绪型眼泪则与人的情绪有关,我们的喜怒哀乐都有可能激发这种眼泪的出现。因丰富的情绪体验而引发的流泪反应是人类独特的情绪语言,是人类高度进化的结果。

可见，适当地流泪，既是对眼球的保护，也是人类适应内外环境变化的应激反应。站在心理健康的角度看人类流泪的现象，它其实是一种调节情绪状态、释放压力、恢复平静的有效途径。你一定有这样的经验，在痛快哭过一场后，你会感觉呼吸变得顺畅，身体变得放松。这是因为当我们放声大哭时，哭泣会激活人体的副交感神经系统，促进催产素、内啡肽等激素的分泌，起到舒缓疼痛、获得愉悦感的作用。

因此，别急着用"男儿有泪不轻弹""爱哭的孩子长大了会很可怕"这样的偏见否定眼泪，请给自己和他人的眼泪多一些善意的空间。

哭不出来，根本哭不出来……

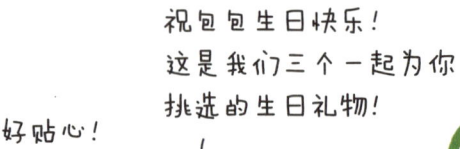

谢谢，好贴心！

祝包包生日快乐！
这是我们三个一起为你
挑选的生日礼物！

拆……

呵！

喵喵！

这是啥玩意儿？

催泪洋葱头！
你想哭又哭不出来
的时候可以闻洋葱！

确实很贴心！

咔咔！

在哪里哭会比较好

我不是真的要你为了能流出眼泪而去闻洋葱头。但对于哭的学习者来说,为自己选择一个好哭的场所尤为重要。这个地方最好是放松、安全、友善、私密、不被打扰的,即使被发现也可以找借口脱身。

对我来说,最好哭的地方是停在车库的车里!我有几次撕心裂肺、天昏地暗、畅快淋漓的哭都发生在那里。哭完之后我能舒服好一阵子,整个人都变得轻盈明亮。

我还有一个好哭的地方就是电影院。如果想哭,我会去电影院找一部催泪的电影去看。电影的音乐、对白、情节、画面是我的催泪剂。电影院里黑灯瞎火,谁也看不见谁,即使有人留意到我在哭,他们也不知道我究竟是在哭电影里的情节,还是哭自己。

我要提醒大家的是,哭虽然是一种有效且必要的释放情绪的方式,但哭太久也会伤身体,所以有必要控制一下哭的时长。我把控时长的方法是,一边听温和、舒缓的音乐一边哭,音乐的时长以 4—10 分钟为宜。在音乐的旋律中,我会允许自己的情绪和眼泪自由流动。随着音乐结束,我会慢慢恢复正常的呼吸节奏,帮助眼泪自然而然地停下来。然后,我会一个人安静地坐上一会儿,感谢刚刚流出来的眼泪,并与这些眼泪说再见!

总之,这个世界很善良,既有很多好玩儿的地方,也有很多好哭的地方,请好好享受。

"如果在这个世界里
我找不到一个让自己微笑的理由,
至少我还可以去找一个
能让自己淋漓尽致大哭一场的地方!"

作为一个很擅长哭的人,我为你提供一些可能会帮助你的眼泪流出来的场景!需要说明的是,心理咨询的过程并非一定要流眼泪,心理咨询师也不会以来访者是否流眼泪作为评估治疗效果的唯一标准。只不过面对眼泪,心理咨询师是经过专业训练的陪伴者,可以给予来访者最大限度的支持与保护。

在月光里流泪,月亮会陪着你。

找信任的人流泪,比如心理咨询师。

抱着小布熊流泪,小布熊会陪着你。

在洗手池前流泪,镜子里的你会陪着你。

在雨里流泪,雨水会陪着你。

在喜欢的大树下流泪,大树会陪着你。

当然是在水里。
因为这样就没人发现
我被眼泪弄湿了。

你喜欢在哪里哭?

🔵 **鱼缸实验**

🔵 观察者：你觉得在哪里哭会令自己感到放松、安全、友善，且私密不被打扰？

情绪就像"大姨妈",是我们身体里流动的一种东西。它想来就来,想走就走,它不会一直在那里。

你可以说它有用,也可以说它没啥用。有人喜欢它,有人不喜欢它,但是我们无法控制"大姨妈"的到来,最终该来的还是要来的,该走的时候也是要走的。

它有时会提前告诉你它要来,有时候也不告诉你为什么不来。有的人盼着"大姨妈"来,有的人盼着"大姨妈"快点走。

但你真正可以做的是学习与"大姨妈"相处:量多夜用,量少日用,收尾用护垫,肚子疼可以热敷。喝温水,腿软无力可以休息,头疼可以吃药……

总之,它来了,你就去接住它,然后尝试让自己变得更舒服。

注:"大姨妈"在中文中常被用于隐晦表达女性月经,类似英文的"aunt flo"。

"大姨妈"好重要……

04 有请"大姨夫"

"情绪就像'大姨妈'"是月杏在参加完情绪冲浪营后分享的自己对于情绪的理解与感悟。她将情绪比作"大姨妈",提出用善待"大姨妈"的方式善待自己的情绪。她的这段分享为我提供了一个女性看待情绪的视角。

"情绪就像'大姨妈'"的观点让我意识到,与女性相比,在自我照顾方面,没有"大姨妈"的男性绝对是弱势群体。没有"大姨妈"导致男性不善于觉察到自己身体的变化,不能及时回应自己的生理、心理需求,不愿示弱,更不能像女性一样用"大姨妈"这个生理现象为自己的情绪波动负责。

为了不让自己变成铁板一块,我决定让自己拥有一个"大姨夫"!如果我连续几天感觉到焦虑、无力,想要躺平,甚至想发脾气,我会提醒自己我的"大姨夫"来了。"大姨夫"来的那几天,我要少安排工作,多休息,多喝水;我还要告诉身边的人:"最近我的'大姨夫'来了,我很容易发火",提醒我周围的人要小心。同时我也会请大家安心:"我的'大姨夫'只是来做客,不会常住。如果'大姨夫'被好好地照顾了,待几天就会走!"

像照顾"大姨妈"一样照顾自己的情绪和身体变化,我要多向女性学习。

> 我的"大姨夫"来了……

> 哦?！
> 需要我帮你倒一杯水吗?

● 鱼缸实验

- 觉悟者：如果你认同"情绪就像'大姨妈'"这个观点，恰好你又是一位女性，你可以怎么做，帮助自己在出现情绪波动时感受到温暖、舒适？

- 觉悟者：如果你是一位男性，假如你相信在自己的身体里时常会有一位"大姨夫"来拜访，你的情绪波动与"大姨夫"的到来或离开有关，你会怎么好好照顾自己的"大姨夫"？你又会怎么理解那个情绪波动中的自己？

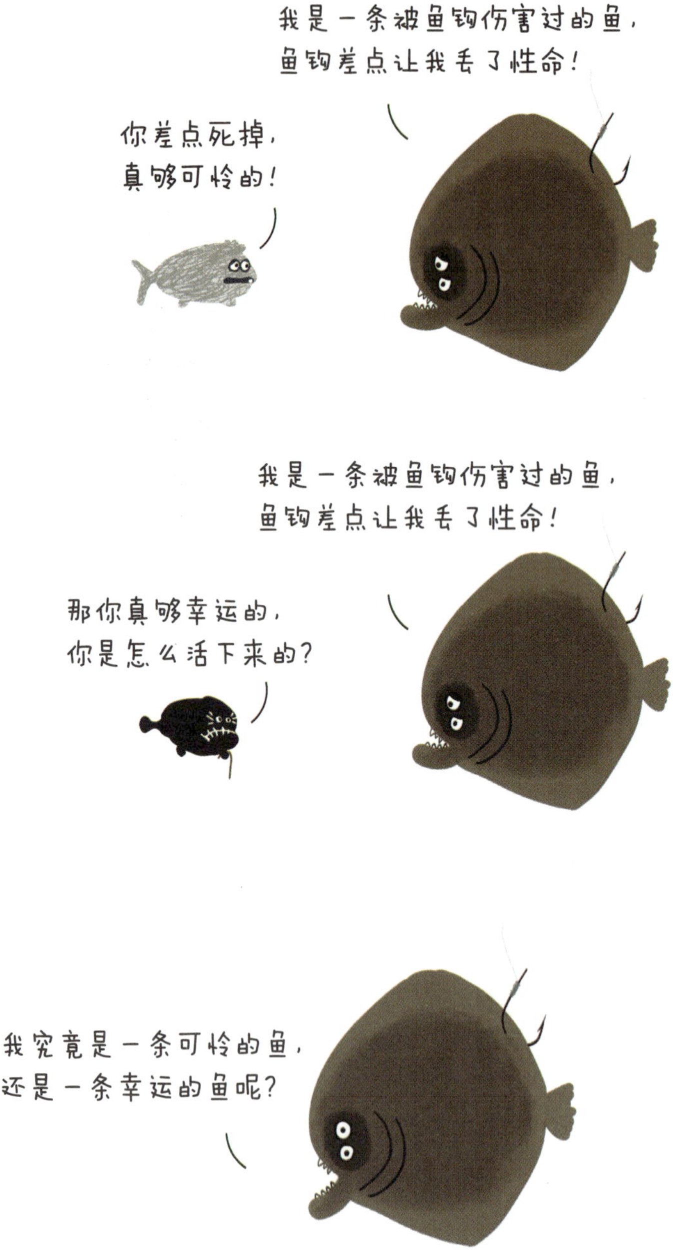

我是一条被鱼钩伤害过的鱼，
鱼钩差点让我丢了性命！

你差点死掉，
真够可怜的！

我是一条被鱼钩伤害过的鱼，
鱼钩差点让我丢了性命！

那你真够幸运的，
你是怎么活下来的？

我究竟是一条可怜的鱼，
还是一条幸运的鱼呢？

05 问题故事 & 力量故事

叙事学派的心理咨询师认为,人们对自己、他人、环境的认知是由一个又一个故事建构而成的。很多时候,人们为了生存,更愿意把自己放在充斥着问题的故事里,而忽视那些存在于问题故事之外的资源和力量。就好像漫画中的比目鱼,它习惯讲述的是鱼钩带给自己伤害的问题故事,却并没有意识到它其实已经具备了超越伤害、生存下去的能力。

> 我的问题故事:对于我来说,阅读障碍就是挂在我身上的"鱼钩"。从小到大,我一直被这枚"鱼钩"困扰。比如,语文、英语考试中的阅读理解题永远是我的噩梦。比起读纯文字的书,我更喜欢看绘本,因此我常会被大人视作幼稚、不成熟。我读书的速度极慢,慢到一年只能读完一本文字书,更多的时候我连一本也读不完(绘本除外),我常为此感到自卑。

在我的问题故事中,阅读障碍这枚"鱼钩"被描述成我的缺陷,它刺痛我、羞辱我,带给我很多辛苦和不容易。但我与阅读障碍的故事其实还有另一个版本可以讲。

> 我的力量故事:为了能与这枚"鱼钩"相处,我发展出了自己的能力。比如,与快速阅读相比,慢读更容易帮助我将书中的内容运用到自己的生活中。我发现,编故事、画漫画和插图可以帮助我理解那些晦涩难懂的文字信息,更能为我的阅读带来乐趣。如你所见,这本书采用图画、文字相结合的方式,其实要感谢我的阅读障碍这枚"鱼钩",是它造就了这本书的独特样貌。

有没有看见,当我开始讲述力量故事时,这枚挂在我身上的"鱼钩"便不再可憎,而是成为我生命的一部分,更是我区别于众人的宝贵资源。

比目鱼的问题故事：

我与鱼钩的故事要从我很小的时候说起。

一次，我去浅滩玩儿，玩儿累了就藏在沙子里睡觉。突然，我被背上的刺痛疼醒。我感觉有一股巨大的力量使劲把我往岸上拽。我拼命地挣扎，但换来的是更加剧烈、更加撕裂的痛。我疼昏了过去。不知道过了多久，我醒了过来，发现自己还在水里，但我的背上多了一枚断了线的鱼钩。

我意识到我刚刚是被鱼钩钩住，但鱼线断了，我才死里逃生。

自从我的身上多了这枚鱼钩，我的生活就变了。
我的家人和朋友会用一种惊恐、好奇的眼神看我，我不得不面对他们提出的各种各样关于鱼钩的无聊问题。
"鱼钩一直挂在身上疼不疼？"
"鱼钩会不会引发皮肤病？"
"你恨不恨那个给你挂上鱼钩的人？"
"你怎么看人类的海钓行为？"
"身上挂鱼钩是不是今年的流行趋势？"
……

我无数次尝试取下这枚鱼钩，
但都失败了。

比目鱼的力量故事：

和这枚鱼钩相处多年以后，
我发现这枚鱼钩也给我带来了不少好处。

比如：因为有了这枚鱼钩，鲨鱼会对我敬而远之；
我还参加了鱼钩创伤治疗小组，在这里我认识了很多和我有同样经历的鱼，并在这里结识了我的太太；
现在，我正在把我的故事写成书，书名是《和鱼钩在一起的日子》；
我还给自己起了一个新的名字，叫：虎克船长！
（hook，"铁钩"的英文）。
我想，有一天我可以像虎克船长一样背着这枚鱼钩游到更广阔的大海里去寻找宝藏。

● 鱼缸实验

- 观察者：你被"鱼钩"伤害过吗？我所说的"鱼钩"并非真的鱼钩，而是那些曾经或正在影响你的创伤经验。

- 观察者：如果我邀请你把这段经验分别用"问题故事""力量故事"的方式讲出来，你可以怎么讲自己与这枚"鱼钩"的故事？

- 体验者：两种讲述方式分别会带给你怎样的体验？

> 你是如何克服焦虑情绪的?

> 克服?！恰恰相反，我每天都会留出10分钟的时间来与焦虑相处！

06 保持适度焦虑

你一定能在市面上找到成千上万篇帮助人们克服焦虑情绪的文章，但心理咨询师有时候会采取与"克服焦虑情绪"相反的做法，他们会建议来访者在一段时期内保持适度的焦虑。

比如，有的时候我会鼓励我的来访者每天留出 10 分钟的时间专门用来焦虑。这个看似荒谬的做法在家庭治疗里有一个专有名词，叫作"悖论干预"。悖论干预让焦虑的到来不再是一个偶然的、不可控的事件，而是来访者要在每天固定的时间里完成的家庭作业。这样做的好处是，来访者不会因为焦虑的出现而变得紧张、自责，反而会认为自己只是在做心理咨询师布置的家庭作业，在面对焦虑情绪时会更放松、从容。如果有一天来访者不想做这个"保持适度焦虑"的作业了，也就不用焦虑了。

不可否认，焦虑情绪的确会带来痛苦的感受，但需要说明的是，焦虑情绪也有积极的一面。焦虑的背后，其实是一个人在面对未来的不确定时对掌控感的渴望。从这个角度上说，焦虑是"创造掌控感"的重要动力。比如，也许你就是因为自己想要获得对焦虑情绪的掌控感才打开了这本书。

相较于"克服焦虑情绪"，"保持适度焦虑"这个说法传递出一种更为善意、积极的态度——**焦虑是生命状态的一部分，是宝贵的生命资源，而非必须解决的问题。**如果一个人能宽容地对待自己的焦虑情绪，那么他就能善待那个拥有焦虑情绪的自己。当他与自己的关系变好了，他与这个世界的关系也就顺了。

鱼缸实验

- 觉悟者：如果每天留出 10 分钟的时间作为你的"焦虑情绪专属时间"，你会在这 10 分钟里做些什么来让焦虑情绪感受到被善意地对待？
- 觉悟者：有了这样的"焦虑情绪专属时间"，你的生活会发生怎样的变化？

我正陷入混乱！
我如何才能从混乱里出来？

当你承认自己正处在混乱里时，
你就已经站在"混乱"之外了！

07 对生命说"是"

如果有一个神奇的生命导航器能帮助我出离混乱,为我指明道路和方向,那么,我至少要往生命导航器中输入两个信息:我从哪里出发?我要到哪里去?

人在陷入混乱时往往很在意自己要去到哪里,却不愿意承认自己当下的位置在哪里。但我的生命导航器如果不知道我的出发地点,就无法为我提供准确的路径信息。

2014年,我陷入了事业失败的旋涡。那时我并不愿意承认自己的失败,不断找机会想要证明自己。就这样又折腾了两年,依然一事无成的我才不得不向命运低头,承认我就是个"失败者"。

命运的转机就发生在我对失败的自己说"是"的那一刻!

当我承认自己所处的生命状态,而非抗拒、否认、逃离那个状态时,我竟在一次环云南洱海的骑行中接收到了生命导航器发送来的信息——**从我的"失败"出发,成为一名心理咨询师!**

于是,我上路了,一直走到今天。

对生命说"是",就是承认过去发生的一切,承认当下的我就是这个样子。**这个当下的我,是过去所发生的一切的终点,我花了前面的整个人生,好不容易才走到这里,我要好好抱抱他。当下的我,更是我去往未来的起点,我只能从这里出发,所以我必须把他认回来!**

出发地:

目的地:

● 鱼缸实验

- 体验者:在一个安全的空间为自己创造 5 分钟不被打扰的时间,安静地写下当下自己的生命状态;开心喜悦也好,混乱痛苦也好,不用评判,只需要记录下来;结尾用"是的,这就是我当下的状态"这句话作为结束语。

  写完,把这段文字读给自己听,就像读一位老朋友写给自己的信;读完后感受一下自己的身体,看看这段文字会带给自己什么样的感受?当下拥有怎样的情绪?

- 觉悟者:这样的"承认"对于当下的你的帮助是什么?

走走走走走走走走走走走走走走走走走

实验3
行动篇

走 走 走 走 走 走 停

最近我一直处于躺平的状态,没有行动。

可是,躺平也是行动的一部分呀!

躺平5分钟，
再翻到下一页。

01 "国际躺平日"

人们列出的计划大多是以目标、结果为导向的,我称这样的计划为"以结果为中心"的计划,其衡量的标准是目标、结果是否达成。在"以结果为中心"的评价体系中,"躺平"这个词往往会等同于懒、不作为,是一种消极的处事态度,是完成计划的阻碍和对立面,是一定要防范、消除的洪水猛兽。"以结果为中心"的评价体系甚至会把"躺平"病理化,比如将"躺平"称为"拖延症"或者"懒癌"。这些说法营造出的羞耻感犹如人背后竖起的芒刺,人一旦躺下就会被刺痛。

我在心理实践中时常会冒出下面这个非常不靠谱的想法——假如有一个"国际躺平日",允许"躺平"可以光明正大地存在,那么这个世界中很多像我一样容易焦虑的人也许就会被好好地照顾到吧!

在"国际躺平日"这一天,绝对不允许对"躺平"有任何批判(其他时间就随它去吧)。"躺平"成了一件名正言顺、理所应当、正儿八经的事。人们暂时停下对目标、结果的追求,依着自己的心意,为自己列一个"以躺平为中心"的计划,采取与平日里的"习以为常"不一样的行动。比如:习惯快的人在这一天可以慢下来;喜欢做决定的人在这一天不做任何决定;每天早起的人在这一天允许自己睡到自然醒;家庭主妇在这一天可以选择不做饭,不带孩子;男人在这一天不用假装坚强;学生在这一天不用写作业,不用上课外班……

在我的"国际躺平日"里,我不会写一个字,画一笔画,不会去讲课、接咨询。我会带着大白(我的狗狗)和非洲鼓、口琴,去家附近的河边待上一整天,为藏在我心里的那位"音乐家"撑起一块空间。我承认,成为音乐家是我的一个目标,即使这辈子都没有实现也没关系。

大家都说"躺平"不好，那我就趴一会儿……

● 鱼缸实验

- 觉悟者：如果有一个属于你的"国际躺平日"，你会为自己列一个怎样的"以躺平为中心"的计划？

- 觉悟者：如果可以将"躺平"当作你"以结果为中心"的计划的一部分，而非对立面，"躺平"会给你的"以结果为中心"的计划的完成带来怎样的支持和帮助？

我实在坚持不下去了，想放弃！

嗯，你放弃的背后，想要坚持的是什么？

02 反者道之动

中国春秋时期的思想家老子在 2000 多年前提出"反者道之动"的辩证观。对"反者道之动"的一种解释是:事物一定会存在相互冲突的正反两个方面,两者看似对立,其实是一个整体的两个部分,它们相互转化,相互依存。因此,事物的发展并非只依赖某一个单向的力量,而是由一对相反的力量相互作用才可以形成。

按照老子的这个观点,一个人所处的状态、所经历的事没有绝对的好坏、对错,都可以找到矛盾的两个部分,但同时矛盾的两个部分又是统一的整体。比如:

当我"努力"工作时,一定有一个正在"不努力"休息的我支持着"努力"的我;

当我"不努力"、想"躺平"时,一定有一个"努力"保护自己的节律的我守护着"不努力"的我。

因此,"动"之妙不在于用力,更无标准可言,而在于如何从看似冲突、矛盾的两极,甚至多极因素之间找到当下最合适的位置,通过"动"达到此时此刻的"中正安舒""静"的状态,进而由"静"孕育新的"动"发生。

回到"放弃"这个话题。在心理咨询工作中,每当我遇到想要"放弃"的来访者,我通常不会劝对方继续坚持,而是去好奇,在放弃的背后,来访者想要坚持、不放弃的是什么?

来访者 A 想要放弃的是自己的婚姻。她告诉我，她想坚持的是获得被爱的感觉。于是，我们的谈话就从如何获得"被爱的感觉"开始。

来访者 B 放弃的是自己当下的事业。他说他想坚持的是能够按照自己喜欢的方式过后半生。于是，我们的谈话就可以从他喜欢的生活开始。

来访者 C 说他放弃的是学习，他累了，不想学了，很迷茫。他还告诉我，他想搞清楚自己真正想要的是什么。于是我们的谈话就从学习移动到了他如何才能了解自己。

来访者 D 说她曾经想过放弃自己的生命。我就问她："是什么让你即使有了放弃生命的想法，但又选择活下来的？你可以活下来，没有放弃的是什么？"

其实我想强调的是，"坚持"与"放弃"本质上并非一对矛盾，而是相互包含、彼此支持的关系！当我在坚持，那一定有要放弃的东西；当我想放弃，那放弃的背后一定有我想要坚持的东西。因此，当我在"坚持"与"放弃"之间徘徊时，我当然可以鼓励自己再多坚持一下，多努力一些，告诉自己不要放弃；但我还可以选择承认当下的自己就是想放弃，因为我知道，有些时候**选择放弃并非意味着退缩，而是转身在另一个方向上坚持，这需要更大的勇气和定力。**

鱼缸实验

- 观察者：回顾你曾经放弃的事情、人、物，尝试去看见那个选择"放弃"的自己。当时的你经历了什么？你选择放弃时最渴望被理解的是什么？放弃的背后，你真正想要坚持的是什么？

- 觉悟者：这样的观察和发现，对当下的你有什么帮助？

"当我感到无路可走的时候，也许路并不在前方，而是在相反的方向。对我来说那是一条陌生的道路，但也很可能是帮助我脱困的出路！"

我暂时不想努力了！

哦？

但我感觉自己还是在努力！

哦？？

我其实是在努力练习让自己"不努力"！

哦？？？

说得再明白一点，我是在用"不努力"的方式努力练习让自己"不努力"！

哕……

学会"转身"实在是太重要了!
因为只要转身就会有新的发现。

转身?什么都没有呀!

你再仔细看看!

……

你有没有发现,
我们马上就要进入下一页了!

咔咔!

更好的自己

请问,我如何才能成为更好的自己?

更好?

更好?

更好?

更好?

更好?

更好?

请问,我如何才能成为更好的自己?

我如何才能成为更好的自己?

"更好的自己"是谁?你为什么要成为他?

波卡小熊,我如何才能成为更好的自己?

找……

"做到了"奖章!

现在伊莫先生已经是"更好的自己"了!

哇,爱了!

不好

更好……更更好…

03 改变的悖论

在心理咨询室里,如果来访者对我说"我想要成为更好的自己",我反而会很好奇,在他出发"成为更好的自己"之前,他是怎么看现在的自己的?因为在我看来,**建立对此时此刻自己的认同,学会欣赏当下的自己,是成为未来那个更好的自己的关键一步。**

"成为更好的自己"这个说法虽然听起来积极、正面,但背后很可能藏着一个"挑剔鬼"的声音——"现在的你还不够好,因此才需要更好。"

对于伊莫先生来说,"更好的自己"就像他前面永远追不到的胡萝卜。即使伊莫通过努力得到了"更好",但总有下一个"更更好""更更更好""更更更更好""更更更更更好"……在远方等着他。

我并不反对来访者有"成为更好的自己"的意愿，但我认为任何一个了不起、伟大的愿景都不应该建立在忽视，甚至否定自己当下本来的样子的基础上。完形心理学家们提出了**"改变的悖论"——"改变发生在一个人成为他自己的时候，而不是他变得不像他自己的时候……一个人在识别所有替代状态之前，他必须首先充分体验他现在如何。"**③

在心理咨询实践中，我是这样理解"改变的悖论"的：**如果想要改变发生，就需要先放下对改变的期待，在不变中看见自己现在的好，这样原来那个看似维持不变的自己就变得不同了。**

下面是 Smile 的案例。Smile 是情绪冲浪营的学员。她希望通过学习让自己变得更好。但学习了一段时间后，Smile 依然认为自己不够好，这令她感到挫败。

Smile 告诉我，每当她状态不错时，她的头脑里就会有一个"挑剔鬼"冒出来指责她这也不好，那也不行。比如"挑剔鬼"会说："你是个不合格的妈妈。你赚不到钱，你不善于打理家务，你做事拖延……"

我告诉 Smile，也许需要有人教会"挑剔鬼"欣赏现在的 Smile。我问 Smile："如果下次那个'挑剔鬼'又出现，巴拉巴拉地说一通 Smile 有多不好，Smile 可以怎么回应'挑剔鬼'？"

Smile："我会告诉'挑剔鬼'，'你要看到我做到的部分！'"

如花："你希望'挑剔鬼'看见哪些你做到的部分？"

Smile："比如，我现在陪孩子的耐心越来越多，经常自己一个人去户外散步，拍好看的照片，照顾自己的情绪，我最近还举办了一场'情绪咖啡馆'沙龙……"

如花："这样的看见对于 Smile 的意义是什么？"

Smile："如果能被这样看见，我会更有信心和力量尝试新的东西。"

如花："那个'挑剔鬼'如果知道'看见'对 Smile 这么重要，'挑剔鬼'会怎么回应 Smile？"

Smile："'挑剔鬼'会说，'我会试着去看见你的好！'"

在我们的对话结束时，我给 Smile 布置了一个家庭作业：每天固定一个时间与"挑剔鬼"对话，并按照下面的方式来要求"挑剔鬼"——每当"挑剔鬼"挑出一个 Smile 没做到的地方，"挑剔鬼"就要看见 Smile 一个做到的地方，并给 Smile 颁发一枚"做到了"奖章。

当"挑剔鬼"能看见 Smile 做到的部分，承认她现在的好，就为 Smile 创造了一个进出自如的安全区。现在的 Smile 可以选择去改变，也可以允许自己不变。在变与不变之间进退自如，Smile 拥有了更多的选择权。

其实，在这个世界里，几乎每一个人都像 Smile 一样，身体里被植入了一个"挑剔鬼"，我也是。为了与它相处，我要不断地提醒我的"挑剔鬼""看见我做到的部分！"。我是念着这句咒语才一路活成现在的样子，而且这句话的魔力在于它让我越来越喜欢自己！我突然有了一个想法——如果在我生命的最后一刻我会怎么说？我一定不会说："我还可以更好！"我会说："嗯，我这辈子过得挺好的！"看！善待自己的当下和善待自己的一生绝对是同一件事，分不开的！

告诉你一个可以让"更好"倒追的秘密:

如果你只知道追逐那些还没有得到的"更好",
却不会欣赏自己已经拥有的"好",
"更好"会躲着你。

因为"更好"会担心,当你追上了"更好",
"更好"马上会被下一个"更更好"替代。

但如果你可以欣赏现在的"好",
"更好"会主动靠近你。
因为"更好"知道,你会珍惜正在拥有的"好"。

🔵 鱼缸实验

- 观察者:你的生命中有没有一个一直要求你变得"更好"的声音?这个声音通常会来自哪里?

- 觉悟者:在你的生命中,有没有一个人最能看见你做到的部分?这个人是谁?如果没有,你可以怎么做,能让自己、他人看见自己做到的部分?

- 觉悟者:如果你的生命中多了一个可以"看见自己做到的部分"的声音,你的生命会发生怎样的变化?

老实说,我并不认为自己做到了什么!
现在的我依然会焦虑……

做到了

你做到了——保持焦虑(不变),
而且还穿上了兔子服呀(改变)!

这样也行?!

做到了

"我做事情总是半途而废，我很讨厌自己这个毛病！"

"但你至少走了"半途"，你是怎么走过来的？"

对于经历过无数次"半途而废"的我来说，
如果只关注"废"，
我就会把自己当作一个问题，
陷入无力、自责和焦虑；

如果我看见了自己已经走过"半途"，
我会肯定自己，欣赏自己，
发现自己身上的力量和资源。

04 反馈系统 & 神秘的第三层

我要向读者坦白,在写这本书的过程中,我时常会被来自"挑剔鬼"的声音困住,陷入焦虑情绪。

我的"挑剔鬼"会说:"你看,某某作家每天都要写 5000 字,而你这几天连一个字都没有写出来,一幅插图都没有画!"

"挑剔鬼"的声音其实是我给自己建构的反馈系统。这个反馈系统通过将我与别人比较,创造出一个"我不够好"的问题,我会借助这个问题带给我的压力来为自己提供写作动力。心理学家把这种聚焦于问题的反馈系统称作**负向反馈系统**。负向反馈系统虽然可以在一定程度上推动我采取行动,但并不能为我提供持续、稳定的写作动力。

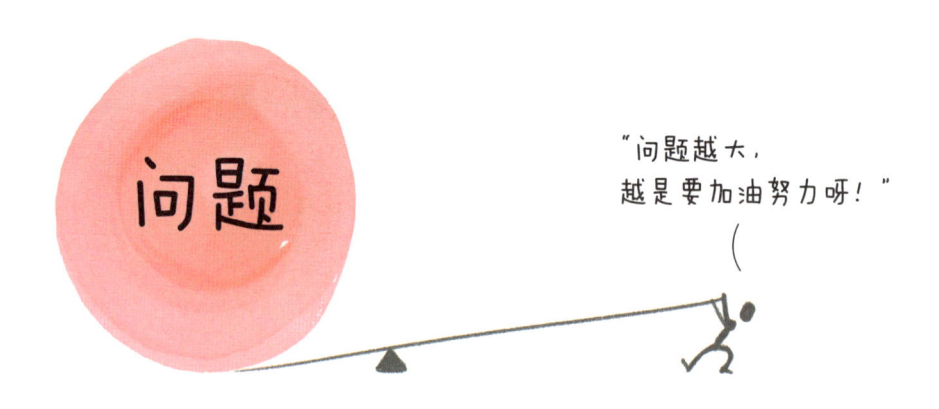

"问题越大,越是要加油努力呀!"

美国作家罗伯特·弗里茨在《最小阻力之路》一书中解构了通过解决问题驱动行动的模型："解决问题的最小阻力之路是让问题从恶化变成改善，然后再由改善回归恶化。这是因为，所有的行动都是由问题驱动的。如果问题因为你采取行动而改善了，你采取进一步行动的动机也就没那么强烈了。"④

也就是说，在负向反馈系统中，一个人努力的程度与问题的大小成正相关。事实也正是如此。拿我写书这件事来说，我要等自己拖延到非常严重的程度，我的焦虑值拉满格，才会开始动笔写作。一旦不焦虑了，我写作的动力就没那么强了。

幸运的是，当我陷入这种"间歇性努力"的循环里痛苦不堪时，我的"观察者"会跳出来提醒我："小心，你又在看自己做得不好的地方了！"

"观察者"的提醒帮助我意识到，停笔不写给我带来焦虑，并不意味着我真的不够好，而是我的反馈系统出了问题。负向反馈系统把"不写"当作一个问题来解决，这样的衡量标准会忽视我的积极意愿和心理层面的努力。比如，在十多年前我并没有要出书的意愿，而在 2014 年我有了写书的想法，并为此做了十年的准备，现在正在付诸行动。虽然目前我所做的一切还没有真正变成出版物，但这个写书的想法和正在发生的行动就已经是一个重要的变化，值得被看见和回应。

为了不让自己在"我不够好"的声音里彻底沦陷，我设计了一个新反馈系统——**正向反馈轮和正向反馈弧线**。当那些"我不够好"的声音出现时，新的反馈系统可以帮助我看见自己做到的部分。

与紧盯着终极目标不放的直线路径（右图中灰色的箭头）不同，在正向反馈轮上，"我"与"目标"的关系被拆解为五个阶段，从最外圈到最内圈分别是：**不想做、想做、做到了、做完、做好**。我用红色箭头把五个阶段串联起来，形成一个通向"目标"、层层递进的正向反馈弧线，这是一个自我肯定的新路径。

用正向反馈弧线重新审视我"停笔不写"的议题，我会看见我其实已经做了很多，并且正在一步步靠近我想要的结果，而不是像"挑剔鬼"所说的那么糟糕。

第一层：不想做——十多年前，我确实没有写书的想法；
第二层：想做——在 2014 年，我有了写书的想法，但没有动笔；
第三层：做到了——我已经为这本书做了很多准备工作，现在完成了部分的文字和插图，虽然偶尔有"写不下去"的情况发生，但我已经走过了第一、二层，来到了第三层；
第四层：做完——还没有达到，但越来越接近完成了；
第五层：做好——这还要看市场的反应，并非我 100% 可以掌控的。

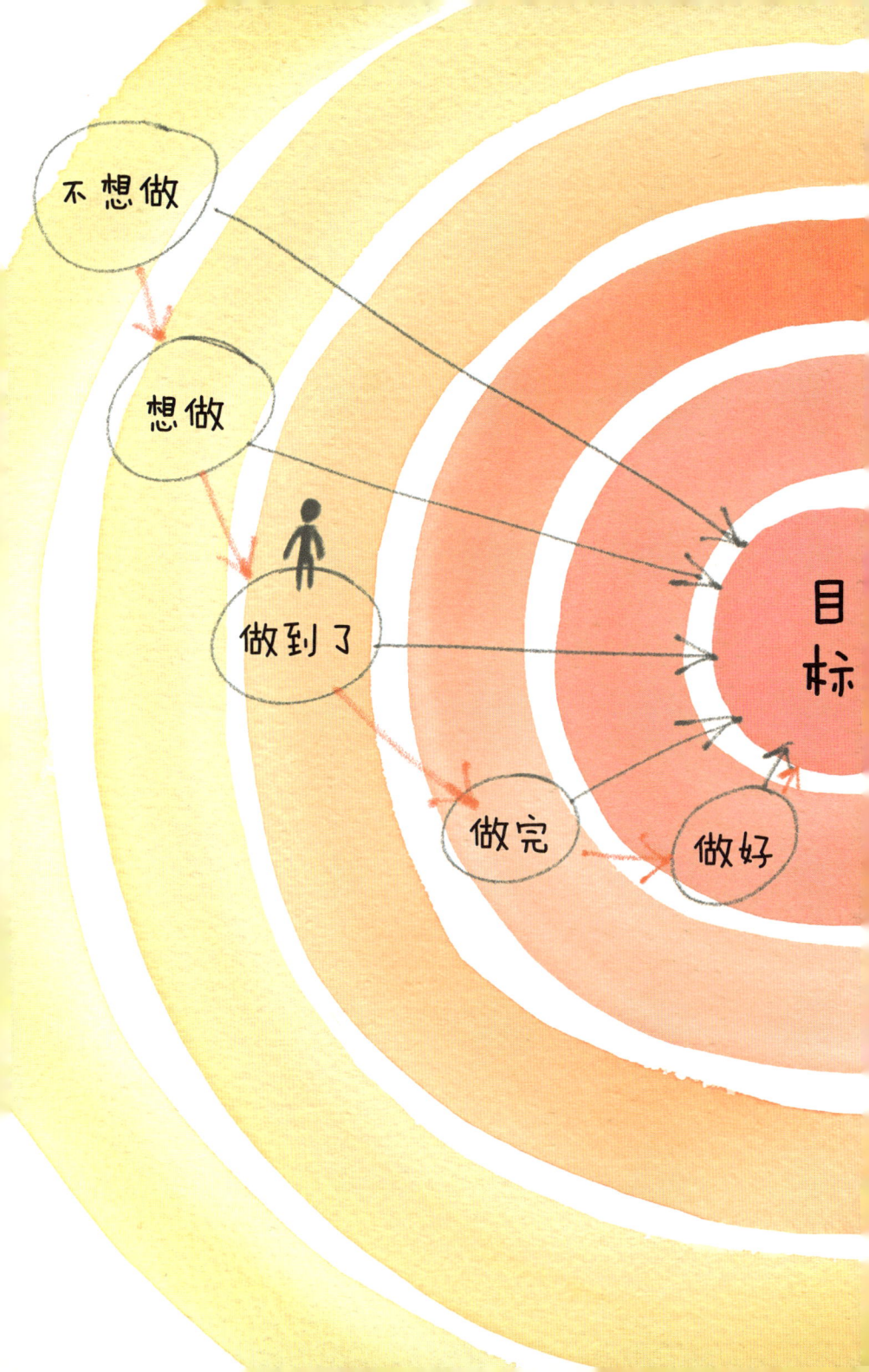

不想做 → 想做 → 做到了 → 做完 → 做好 → 目标

问题驱动：
"没有实现目标，
我真是太糟糕了！
要加倍努力呀！"

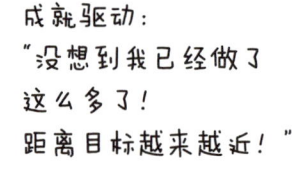

成就驱动：
"没想到我已经做了
这么多了！
距离目标越来越近！"

问题

成就

负向反馈系统　　正向反馈系统

现在，我有了两个反馈系统，一个是通过与他人比较带给我压力、说我不够好的负向反馈系统；一个是与自己比，看见自己做到的部分的正向反馈系统。不同的反馈系统塑造了不一样的我。在负向反馈系统中，我是一个失败的创作者，这个角色通过制造焦虑和内疚等情绪激励我间歇性努力；而在正向反馈系统中的我，正在把自己的梦想一步步付诸行动，越来越接近自己的目标，这个新视角给我信心，令我放松。

此刻我的"观察者"再次出现，他说，他看见我正在学习如何在负向和正向反馈系统之间来回切换。这个新本领一方面可以帮助我看见自己与别人的差距，让我保持适度焦虑并采取行动；另一方面可以给我提供足够的欣赏与支持，当我处于困境，感到无力时，不至于被"挑剔鬼"的声音压垮，而是看见希望并获得力量。

做到了！

好吧，既然你已经读到了这里，我就再告诉你一个秘密。在正向反馈轮上，有一个神秘的位置——第三层：做到了，它是连接想法与目标的关键，是我的生命加油站！无论我是在为梦想努力，还是"躺平"，**我永远可以找到属于自己的"神秘的第三层"。**

例如，在那些我写不下去的日子里，我的"神秘的第三层"是：我做到了承认自己就是写不下去了，不写了，爱咋咋地；我做到了即使写不下去令我感到挫败，我还是要带自己去吃一碗葱油拌面，加鸡蛋的那种，然后去旁边的咖啡厅点一份提拉米苏作为餐后甜点。

我做到了允许那个"我不够好"的声音存在于我的生命中，我还做到了有勇气对自己说："我真的挺好的！"

● 鱼缸实验

你有没有一个令自己怦然心动的目标至今还没有实现？比如去火星、周游世界，或者读完这本书……

- 观察者：通过正向反馈轮把你与这个目标的关系分成五层，你现在处于正向反馈轮中的第几层？

- 观察者：你看见了自己的"神秘的第三层"了吗？

- 觉悟者：在你与这个目标的关系中，你最欣赏自己的地方是什么？你最想感谢自己的地方是什么？

如果在正向反馈轮上,
我处于第一层——"不想做",
会不会还是很糟糕?

你只需要把中心目标调整成"对自己诚实",
你敢于承认自己不想做,就处于这个新目标
的第三层——做到了对自己诚实!

所以,无论怎么样,我永远都可以通过
建立适合的正向反馈系统,看见自己
做到的部分,对吗?

没错!你永远可以找到
属于你的"神秘的第三层"。

做到了

Certificate

恭喜你读到了这一页。你做到了!

如何看见一个人做到的部分?

- 所谓做到的部分,可以是非常微小的,但又是非常具体的行为和结果,比如"读到了这一页";

- 只是描述非常具体的事实,尽量避免使用形容词,夸大事实,比如:很棒、好厉害、了不起;

- 避免进一步提高标准,例如:"如果能再做到XX,就更好了!"

努力的漏洞

又到了苹果成熟的季节，伊莫先生和波卡小熊决定来一场摘苹果比赛！

"看谁摘的苹果多！"

"好耶！"

第一天……
忙碌了一天,波卡从筐里倒出了三个苹果,
伊莫从筐里只拿出来两个苹果。

"虽然输了,但没关系!只要我明天更努力一些,
更早出门,一定能摘更多的苹果回来!"

第二天，伊莫一大早便出门了，
太阳快要落山时才回来。
这一次伊莫只带回来一个苹果！

"看来，我明天要比今天更努力。
只有更早出门，更晚回家，才能摘多多的苹果回来呀！"

第三天,伊莫天不亮就出门了,
直到天黑才回来。
可这一次,伊莫一个苹果都没有带回来。

"我明明摘了好多的苹果呀!可为什么筐里是空的?!"

"振作起来,伊莫!别被暂时的失败打垮!
只要努力,你一定可以……"

"嘿……"

"那波卡也要努力帮助伊莫!
先把一个苹果丢进伊莫的筐里吧!"

咚

"伊莫的筐破了个大洞。
伊莫越是努力,
就会有越多的苹果
从这个洞漏走!"

咕噜噜噜……

05 破窗效应

很多人习惯把自己的失败归因于自己不够努力。

"越是失败,越要努力才行"这类看似鼓励的话语已经成为人们鞭策自己改变现状、摆脱失败的正确驱动方式。但是很少有人换一个思路去想——**会不会是因为自己太努力,才导致自己想要的结果没有发生?**

心理学家保罗·瓦茨拉维克、约翰·威克兰德、理查德·菲什组成的精简治疗小组发现了问题的产生与解决的一个悖论现象——"即'遵循常理'与'合乎逻辑'的行为导致失败,而'不合逻辑'与'非理性'的行动,反而使形势的变化如其所愿。"

三位心理学家在共同完成的著作《改变:问题形成和解决的原则》一书中将改变分成两种:

第一序改变——所有的改变都发生在旧系统之内,但整个系统维持不变,问题非但不会被消除,反而会被强化;

第二序改变——改变不是发生在旧系统内部,而是由于有意想不到的新元素加入,导致旧系统本身发生了改变。因为整个旧系统发生了变化,反而使"问题的存在"("不被认可的行为"的存在)本身不再是个问题。⑤

精简治疗小组还给第二序改变起了另一个名字:改变之改变。意思是"原有改变系统"的改变。他们强调,第二序改变往往是不合逻辑的、非理性的。**通俗地讲,第一序改变是已知的因果关系中的"因"发生变化;而第二序改变是未知的因果关系中的"因"发生了变化,才让结果真正发生。**比如,你一直很努力地去解决问题,但问题依然存在,甚至比以前更严重,那么很可能你所有的努力都发生在你熟悉、已知的因果关系系统内部。但解决问题的关键不在这个已知的系统之内,而是你的"改变系统"本身需要改变。

第一序改变:

"让我们努力解开这一团乱线吧!"

"……"

"我发现我们都变成了一团乱线!"

第二序改变:

"去他的一团乱线!
让我们把它变成舞蹈家,
来一起跳舞吧!"

> 在伊莫的"已知的因果关系系统"内部,
> "努力"是"因",但伊莫的努力非但不能
> 消除问题,反而维持、强化了问题!

回到前面的漫画——"努力的漏洞",按照常规的思路,伊莫先生能带回的苹果数量与他是否努力形成了一个非常合理的正关联。但如果筐上的洞一直存在(被忽视的元素),伊莫在旧系统内做再多的努力,漏苹果这个问题会一直存在。伊莫的努力非但不能消除问题,反而是伊莫越努力,越会维持甚至强化漏苹果这个问题。

为了更容易理解问题的产生与解决的悖论,我给这个现象起了个新名字——"破筐效应"。在我的心理咨询工作中,当来访者无论怎么努力都无法创造事实上的改变(第一序改变)时,我就会好奇来访者的"努力系统"是否存在一个被忽视的"漏洞",导致他的努力维持了问题不变。而当一直在努力改变的来访者突然告诉我他"不想努力"时(不合逻辑、非理性的元素出现),我会暗自欣喜,因为来访者有可能正在打破自己熟悉的"努力系统",迎来真正的改变(第二序改变)。

> 筐上的漏洞是伊莫"已知的因果关系系统"
> 之外被忽视的元素,是"未知的因",是维
> 持问题不被改变的资源!

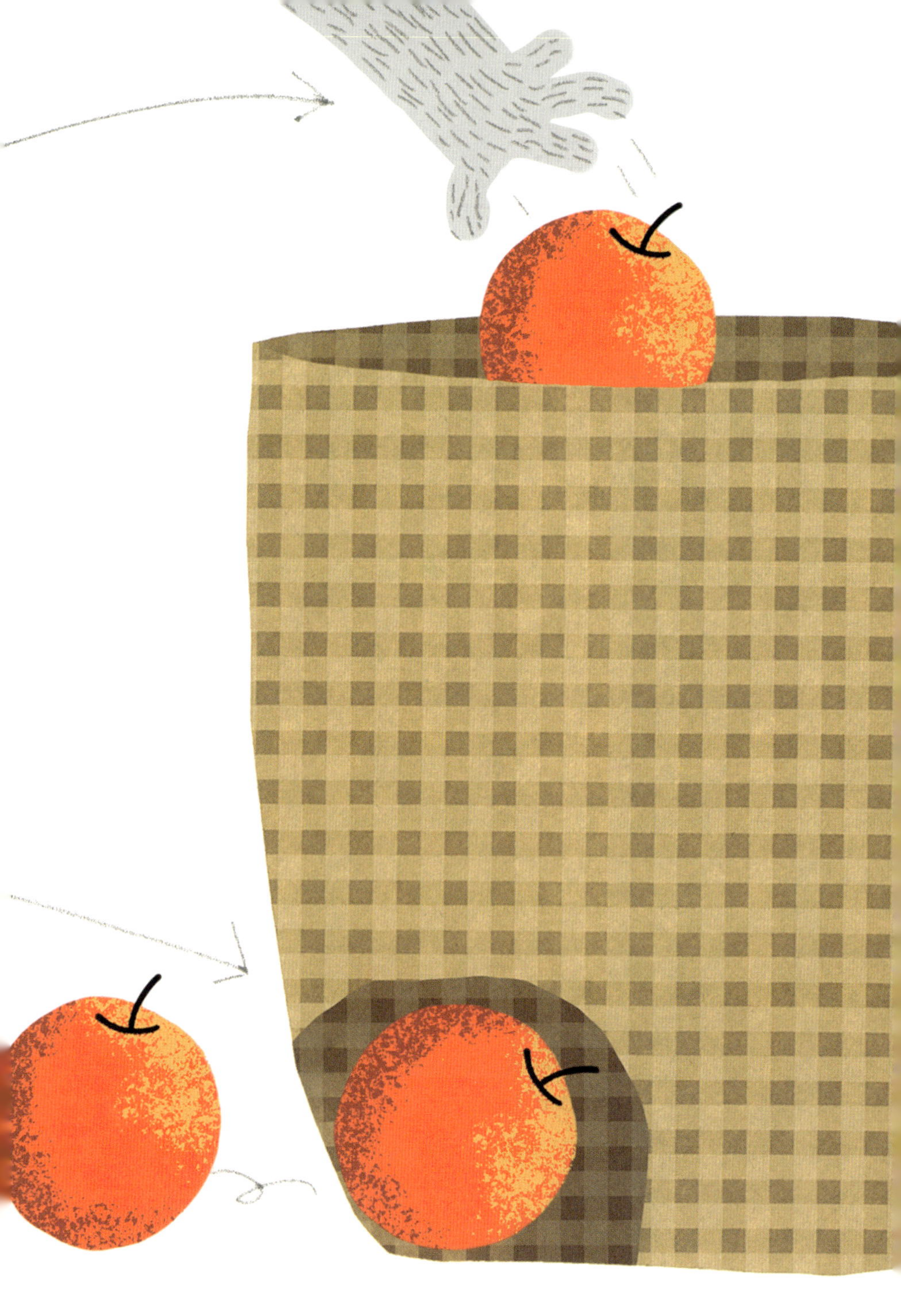

"破筐效应"这个名字的灵感来自燕子的故事。燕子上过好多有助于亲子关系提升、自我成长的课程。用她自己的话说,"我一直努力学习,希望用所学的知识武装自己"。她相信只有掌握足够多的沟通技巧,才能给予家人高质量的爱!她形容这样的自己就像是一直努力往一个筐里装各种自己认为好的东西,生怕错过什么!她的先生和孩子都说"你不用学这么多东西,我们用不上!",但燕子的想法是,别人学的东西她也要学,她如果没有学,就没法安心!

直到燕子把自己折腾累了,再没有力气去努力了,她对自己说:"如果我就是一个不善于沟通的人,很笨,用不出那些学来的方法又怎样?!"

这句话把燕子从"努力上课改变自己"的旧系统拉回到现实生活。当她允许自己"不努力改变"时(不合逻辑、非理性的元素出现),改变就神奇地发生了。

燕子告诉我,现在的她与过去那个努力的燕子最大的不同是,现在的燕子终于可以承认自己就是不完美,她不用再逼自己用各种知识把自己武装起来,背负那么多的技术、道理活在家中,而只需要做一个平平常常、真实的妻子、妈妈、女儿,就可以创造出爱与轻松的关系,体验到家的幸福与温暖。

那时的自己好辛苦!
虽然很努力,
但用来装好东西的筐好像有个破洞,
装了很多东西,但永远装不满。

不够!
不够!

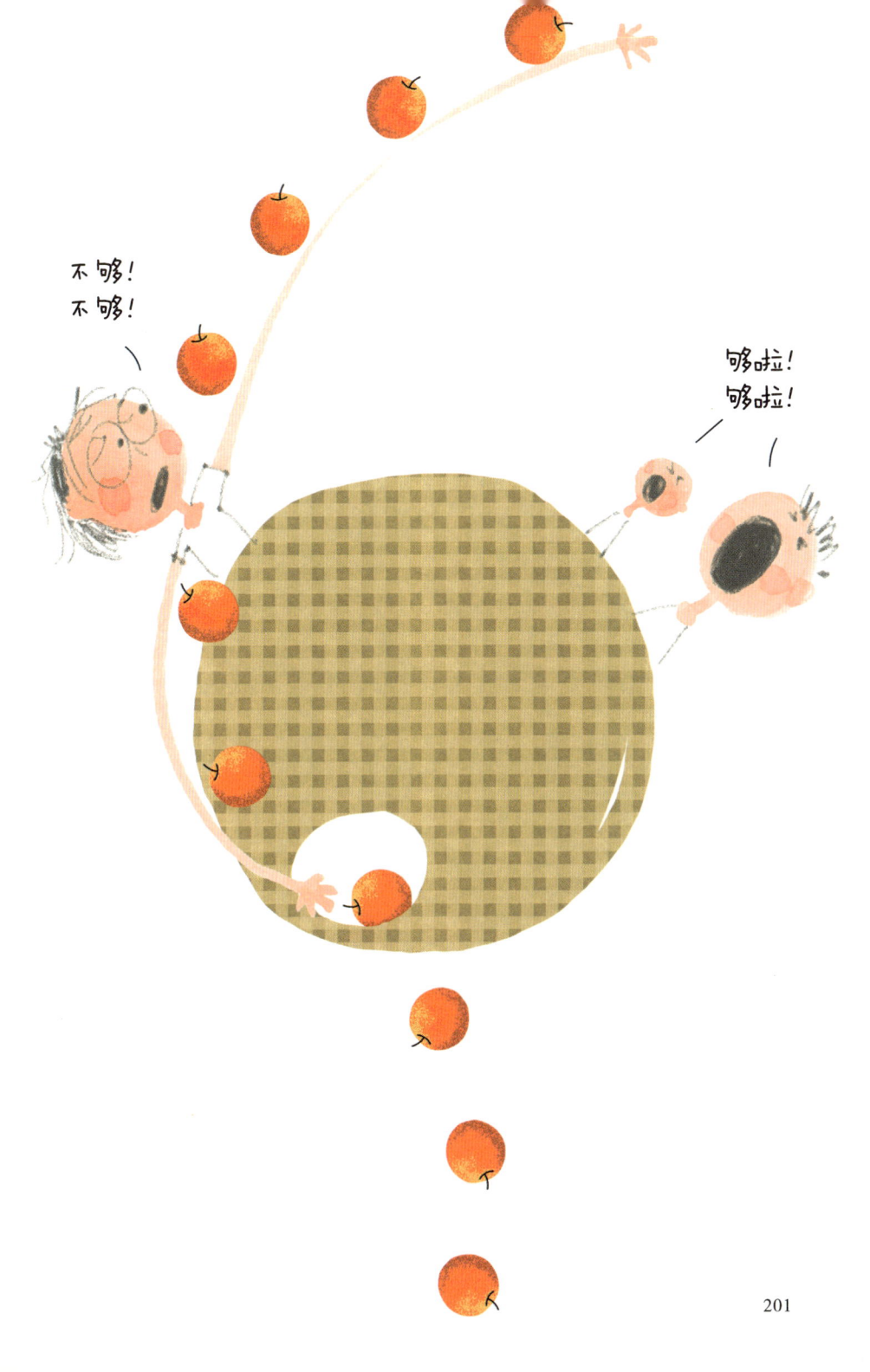

够啦!
够啦!

"忙着改变"是曾经给燕子带来成就感、满足感的旧系统。**这个旧系统的漏洞在于燕子的学习动力是建立在"自己不够好"的评价基础之上,所以燕子很容易陷入越学越觉得自己不够好,还要学习的循环中。**而当燕子认同了自己就是现在的样子,她就补上了旧系统的漏洞,不再执着于改变。这样一来,燕子"忙着改变"的旧系统就被改变了,燕子才真正创造出她想要的改变——和家人在一起享受当下的生活。

我要强调的是,"旧系统内部的努力"不是不好,恰恰相反,"旧系统内部的努力"是创造整个"旧系统改变"的基础。对于燕子来说,她的确通过在旧系统中的努力收获了种种好处。而当"努力改变"让她陷入挣扎、挫败和无力的循环时,就意味着旧系统已经不再适合当下的燕子了,燕子选择"不努力改变",回归家庭,反而使整个旧系统发生了变化。

燕子的"改变之路"看似曲曲折折,但每一处转弯都是她的必经之路。

● 鱼缸实验

- 体验者:找到一个你正在为之努力,但总是失败的目标,比如减体重、早睡。如果你允许自己在这个努力的过程中保持一点点"不努力",比如,一周里有一天不用那么执着于体重的改变,或者在一周里有一天不用必须在几点前睡觉,看看这样的"不努力"会给你带来怎样的体验?又会创造出怎样的你与目标的关系?

"生活像个大箩筐,
装的东西多就容易漏;
漏的东西多了,
就知道补了。"

提问：把大象放进冰箱需要几步？

回答：需要三步。打开冰箱门，把大象放进去，关上冰箱门！

06 大目标 & 微小的行动

很多时候,人们不愿采取行动,是因为所面对的目标就像"把大象放入冰箱"一样,简直是不可能完成的任务。但无论你打算怎么回答"如何把大象放进冰箱"这个问题,你至少可以采取第一个行动——打开冰箱门。

"打开冰箱门"这个微小的动作所蕴含的心理学的积极意义在于——对于行动者来说可以轻而易举地完成这个动作,并收获一个正向的反馈,强化积极的自我认同。因此,在心理工作实践中,我非常喜欢邀请来访者在生活中通过一些无压力、自愿、自发、可控的"微小行动"为自己建立一个善意的反馈系统。

微小行动的要素：

1. 微小行动需要与大目标相关；

2. 微小行动必须足够小，而且必须是一个具体、可以被观察、可以被测量的动作；

3. 微小行动对于行动者来说没有挑战，或挑战非常小，可以被轻而易举地完成，行动的结果是内控的；

4. 微小行动以自愿为前提，不愿做就不做，不做本身也是一个微小的行动。

其实，我本人就是微小行动的受益者。

还是拿我这本书的创作经历举例。对我来说，这本书就是那头要被放进冰箱的大象——我的大目标。在创作之初，我给自己列了每日完成计划，比如每天写 1000 字，或者画 3 张插图。但在我不想写、写不出、画不出来的日子里，我就会降低标准，比如：允许自己一天只写一句话、一个小标题，或者只是记录一些碎片的灵感，或者胡乱画几张草图。日拱一卒，这本书在一个又一个微小的行动中渐渐有了模样。而每次完成微小行动后，我体验到的小确幸和松弛感可以帮助我照顾好自己的焦虑情绪，然后静静地等待灵感的出现。

在不知道要写什么的时候，我还有一个非常有用的微小行动，就是不停笔地写"我不知道要写什么我不知道要写什么……"这个看似无意义的操作是我写作的秘诀，往往随着"我不知道要写什么"这段文字的循环出现，灵感会突然出现。

所以，无论你的目标是像我一样写一本书，还是学习做菜、掌握一门外语、考上大学、谈一段恋爱、成为心理咨询师、拍一部电影，或者成为健美比赛冠军……别让这些"大象"限制了你的行动。因为你总会找到一个"冰箱"，你只需要抓住"冰箱"的门把手，打开"冰箱"门，你就迈出了实现目标的第一步。

提问：我打开了冰箱门，然后呢？第二步是怎么把大象塞进冰箱的？

回答：找到下一个你可以掌控的微小行动，然后去完成它！

● **鱼缸实验**

- 观察者：你有没有一个与自己有关的大目标？这个大目标是什么？

- 觉悟者：如果采取一个微小的行动，让自己可以多靠近这个大目标一点点，这个微小行动是什么？

- 觉悟者：你打算在什么时候采取这个微小行动？具体在哪一天，几时几分几秒？在哪里？谁会是你的这个微小行动的支持者，为你的行动提供理解和帮助？

提问：本来人家大象当得好好的，为啥非要把我塞进冰箱？

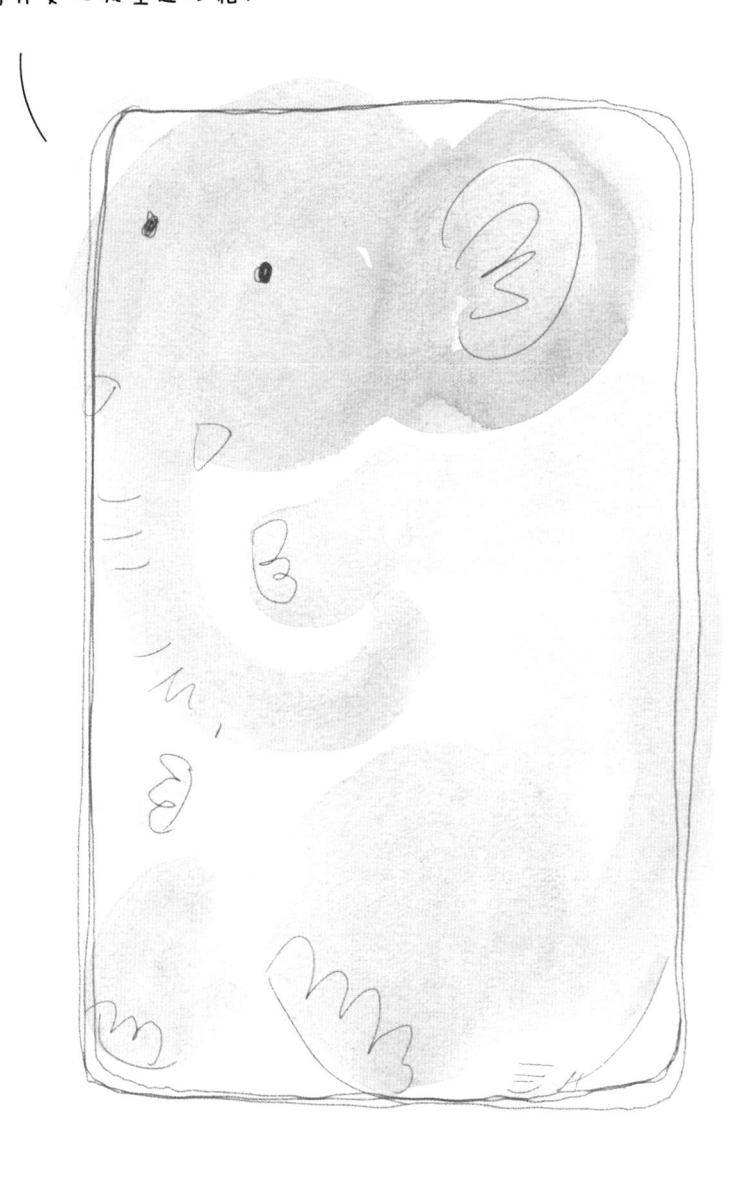

"不执行"计划本

年初我为自己列了好多计划,但我没有去执行。

我发现,列计划只会给我平添烦恼!

那你为啥还要列计划?

这样我就知道自己有多糟糕了。

不会吧!

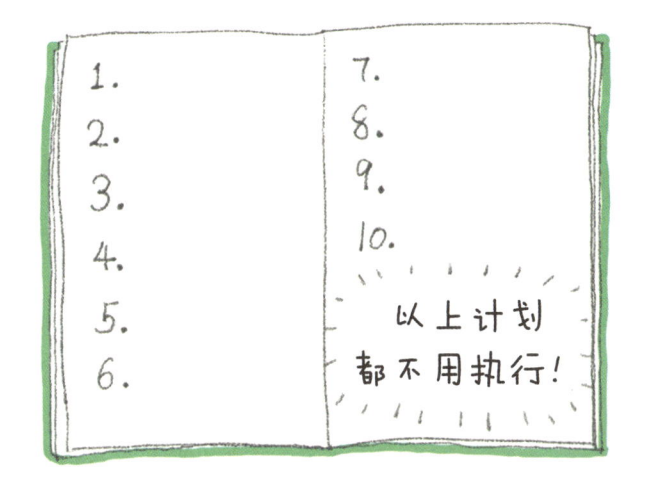

送伊莫先生一个"不执行"计划本。
列在这个计划本里的计划都
可以不执行。

1.
2.
3.
4.
5.
6.
7.
8.
9.
10.

以上计划
都不用执行!

有了"不执行"计划本,伊莫先生在"不执行"这件事上会执行得很好啦!

07 "不执行"的执行力

因为曾经是制片人,所以我很善于列计划。后来不做制片人没有工作的那几年,每到年初我依然会郑重其事地给自己列新一年的计划清单。比如,这一年我要赚多少钱,写多少篇文章,拜访多少朋友,学习多少新技能,体重维持在什么范围……

但真相是,处于低谷中的我其实啥都不想干。每到年底我评估这些计划的完成情况时,那些惨不忍睹的"业绩"就成了我自我攻击的证据,令我痛苦不堪。

现在重新去理解那时的自己,我其实是想通过列计划的方式告诉这个世界:"看,我还在努力,没有放弃自己",然后到年底我再用那些没完成的计划告诉我自己:"看,事实证明我确实很糟糕!"

后来,我尝试只列计划清单,允许自己可以不执行。我发现那些计划清单虽然没有被执行,但至少可以让我看见自己的渴望;允许自己"不执行",帮助我与目标拉开了一段距离,撑起了一个轻松的空间,减少了自责、焦虑和内耗。如果运气好完成了清单上的某一项,我就赚到了;如果一项都没有完成,至少还有"不执行"这一项,我执行得很好。

顶着"拖延症""摆烂"的骂名(这些攻击我的声音绝大多数来自我的头脑),我发现了一个事实——世上有些计划就是列出来不用执行的。这就好像有些衣服买来不是为了穿的,而是用来享受挑选、下单、收快递的快感;有些书不是用来读的,而是买来放在书柜里静静地陪着自己,似乎就可以感受到这本书作者的加持;有些时间就是用来在虚度中去享受的;有些痛就是要放在耐心里慢慢熬过去的;有些种子就是撒下不用管的,它们自然会发芽、长大;有些梦你以为只是梦,却在不经意的时候成真了……

我想澄清的是，我并非一个主张"不执行"、反对"执行"的怪咖。我说"不执行"，其实是在说"耐心"。我承认很多事情的确需要刻意而为，但**在内卷严重、推崇"有为""效率""结果"的世界里，很多强而有力的"执行"一不留神就会变成过犹不及的"执着"；而那些看似"不执行"的"无为"背后其实藏着允许"为"在自然而然的状态下悄悄发生的智慧。**

就像我现在正在做的事情、我的生活、我生命的样貌，很多都曾经出现在我那段至暗时刻的计划清单中，虽然那时候的我无力实现，但念念不忘，必有回响。

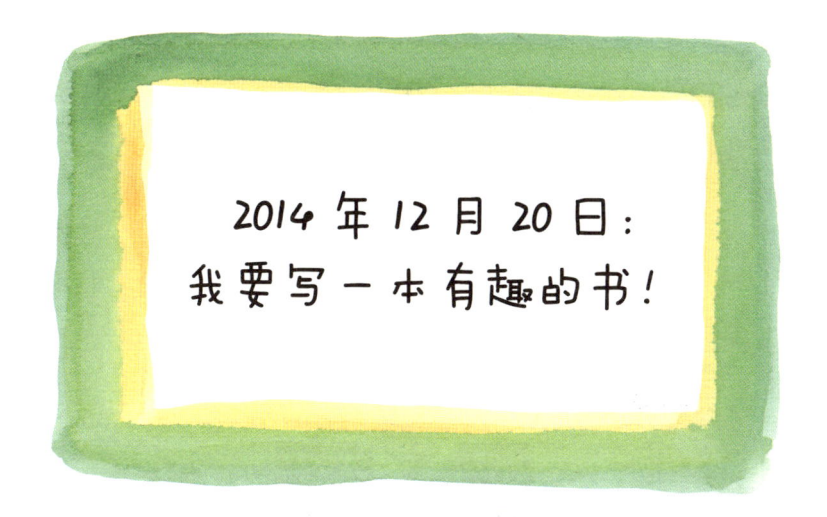

> 2014 年 12 月 20 日：
> 我要写一本有趣的书！

● 鱼缸实验

- 觉悟者：如果你有一个"不执行"计划本，你会在上面写下哪些目标，又允许自己不执行？

- 体验者：这样列计划的方式会给你带来怎样的感受？

- 觉悟者：列出这个计划清单又允许自己"不执行"，会为这些计划的执行带来怎样的可能性？

我的傻波卡,你在喂什么?
地上什么都没有。

我在养我的"空"呀!

08 空与实

你会忙吗?

你会忙着晒太阳吗?你会忙着听鸟叫、看蚂蚁爬吗?你会忙着把一只脚挪到另一只脚前面慢慢走一段路吗?你会忙着把一口气深深地吸到你的腹腔,再将一口气缓慢轻柔地吐出来吗?你会忙着看天边的那朵云慢慢消散吗?你会忙着发呆、伸懒腰,忙着让自己睡到自然醒吗?

如果你会,那么恭喜你,你很会养自己的"空",在这个普遍"没空"的时代,你算得上是一个"有空"的富人。因为空生妙有,你有多大的"空",就能装下多大的"实相",装不下的都不是你的,都是瞎忙!

鱼缸实验

- 觉悟者:如果今天你可以好好"忙"一下,养自己的"空",你会怎么"忙"?

- 觉悟者:如果你的生命中多出一些"空",你的生活、你的工作、你的关系会发生什么变化?你喜欢这样的变化吗?

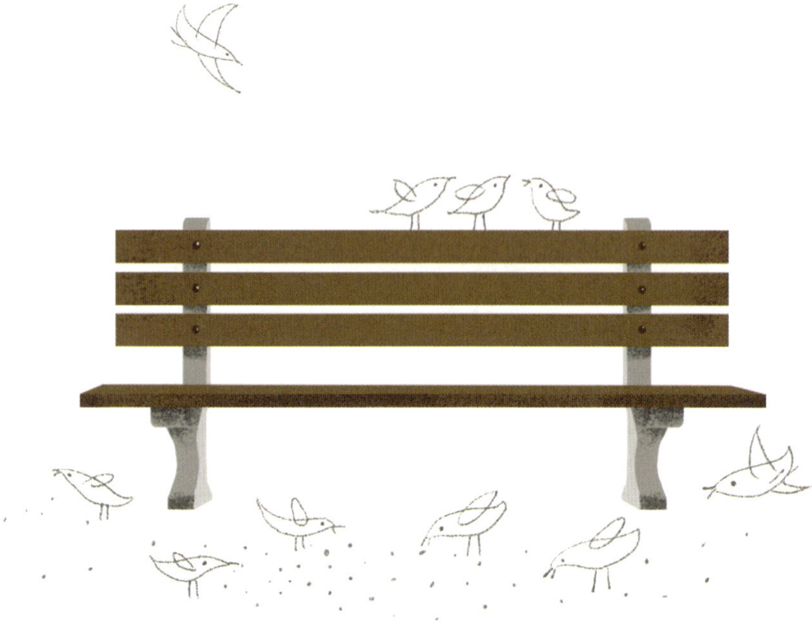

我问我的灵感：
"你来自哪里？"

灵感告诉我，
她来自一个叫作"空"的地方。

我问：
"'空'是什么样子的？"

灵感说
这是个秘密，
她不能告诉我。
因为当我知道了"空"的样子，
"空"就变成了"实"，
"空"就不出来了！

好吧，
那我就不问了。

嗒嗒嗒……

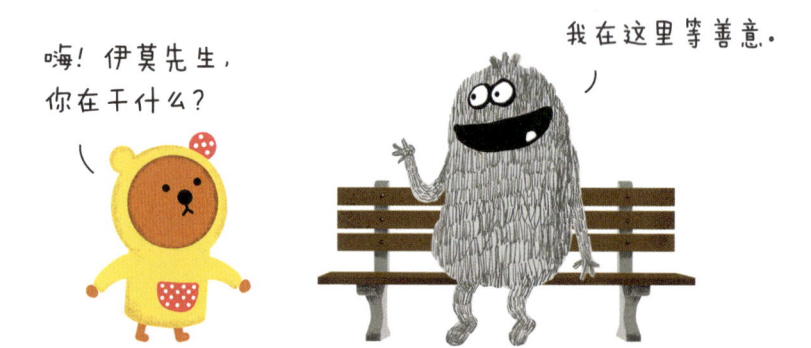

嗨！伊莫先生，你在干什么？

我在这里等善意。

波卡可以和你一起等吗？

当然可以！请坐！

等…… 等……

……善意长什么样子? 不知道……

zzz……
z……

我们等到善意了吗？

还没有……

太晚了，波卡该回家了！

再见伊莫先生！
你要好好等善意哟！

好的，再见！

等……

等……

哈!

原来是波卡!

09 看见身边的善意

我的"观察者"发现，当我紧盯着自己的电脑屏幕写这本书时，我就会忽视身边那些正在发生的、微小且美好的善意。

抬起头，原来，善意是此刻我头顶上日月星辰无声的陪伴，是我书房里的空气无处不在。伸个懒腰，原来，善意是我的每一次呼吸与心跳，是外卖小哥今天中午送来的美味午餐，是远在香港的朋友为我专门调配的护手精油，是我太太让家里餐桌上的鲜花四季不断……

这个发现让我意识到，比起那些我拼了命要去抓住的宏大目标，这些藏在我身边微小的善意更容易给我带来活在当下的简单、温暖与美好感受。

承认吧，无论我有没有写完这本书，我都是个被善意包围着的幸运儿！我发现，连这个觉察也是一份善意！感恩！

鱼缸实验

- 观察者：暂时将自己关注的焦点从那些伟大的目标，或者从这本书上移开，回到当下，去发现围绕在自己身边的善意，你看见了什么？

- 觉悟者：看见身边的善意，会给你当下的生活带来怎样的影响？看见身边的善意，会给你当下的关系带来怎样的不同？看见身边的善意，对于你渴望实现的目标的意义是什么？

真没想到,
这本书快要被我读完了! 你是怎么做到的?

实验报告

01 我的鱼缸实验报告

写这本书,其实是我为自己设计的鱼缸实验。

从 2024 年 2 月 11 日起,我开始用记笔记的方式记录我此次写书的过程。那个写书的如花大叔是鱼缸实验的体验者,记笔记的如花大叔是鱼缸实验的观察者、觉悟者。

在最初动笔写书的时候我就问过自己:"我究竟为什么要写这本书?"我要向世界发表我的观点?让世人知道我?帮助更多的人?多一些版税收入?虽然这些答案都不错,但真正打动我的创作动力是:我想通过写这本书来了解我是谁!

感谢这场专属于我的鱼缸实验,让我对"我是谁"这个问题有了一个新的答案——原来,我是一个**资深的焦虑爱好者**。

所谓"资深",是因为我从笔记中看到,那个写书的如花大叔很容易陷入焦虑情绪,焦虑是如花大叔的特质和常态;而我称自己为"焦虑爱好者",是因为我发现,当如花大叔适应了焦虑,并拥有了与焦虑相处的能力时,焦虑回馈他的是宝贵的灵感、探索未知的力量和勇气。

没错,我爱焦虑,它并非我的缺点,而是我区别于他人、安身立命的资源。因为有了它,才有了这本书,不是吗?

我将创作笔记做了整理，在本书的结尾呈现出来，作为我此次写书过程的鱼缸实验报告。如果把报告中切片般的幕后故事、心情记录与前面的正文对应起来读，你会了解这些文字、图画的作者是如何在创作中"坐情绪过山车"的，看看故事里有没有自己的影子。

说不定你会发现，你和我根本就是同一类人，都是资深的焦虑爱好者。也许，在下一次焦虑出现的时候，你会想起在这个世界里还有一个和你一样善于焦虑的人，正带着与生俱来的焦虑天赋奋力寻找出路，把自己活成喜欢的样子。

2024 年 2 月 11 日：如何开始

昨天尝试以童话的方式开头，进入到内容的部分就卡住了。卡点在于我需要把精力放在故事的线索上，而非知识点的递进安排。

与之前的版本对比，感觉灵动性差了很多。毕竟，原来的版本不用考虑那么多故事的线索，只需要围绕一个知识点铺设情节和小故事就可以了。

2024 年 2 月 27 日：味道

今天在天津的一家面包房，我给这本书定了它的味道。

温暖——这是一定要有的！

简单、轻松、易懂：漫画故事 + 正文 + 案例 + 插图 + 练习

2024 年 2 月 29 日：一个想法

今天又有了一个想法，就是在书的结尾加入我的创作笔记和心得。

2024 年 3 月 4 日：没灵感

今天早上我开始纠结于文字和漫画的关系。目前的解决方案是：先做那些能做的，很多东西会慢慢呈现出来，不着急进入框架。

写完这段文字，我还是安不下心做该做的事——画漫画或者写文字。10：20 做完了一场咨询，开车带着太太去吃午餐。餐后我提议请她喝咖啡。

在一家意大利风格的咖啡馆里，我告诉太太，我现在没有那种扣扳机、"可以开始"的感觉。这个等待灵感的过程很令我焦虑。但我也发现其实老天已经给我挺多的了，我一直在"叮""叮""叮"地收获灵感。

太太说，老天给我灵感是让我开心的，而不是让我带着焦虑去想如何迎接下一场挑战。

我忽然有了感觉，如果我把写作当作下半生要一直做的事，那么势必要经历有灵感或者没有灵感的过程。如果有灵感，扣动扳机去做就好了！如果没有灵感，就找个地方待着，喝咖啡、发呆、聊天、晒太阳，都可以，这不正是我想要的生活吗？

这个画面其实我很早以前就有——在世界的某个角落闲逛。对呀！这样的闲逛如果只是为了照顾焦虑，我还是不会放松下来。如果闲逛是去享受没有灵感的乐趣呢，那没有灵感岂不也是件好事！

没灵感，就奖励自己闲逛吧！

2024 年 3 月 22 日：最顺手的一篇

《看见身边的善意》这篇是到目前为止最简洁的一篇。波卡小熊和伊莫先生的关系呈现出我想要的样子——独立且亲密。

心里踏实了一些。人物设计和美术风格稳定下来了，人物关系稳定下来了，排版构图基本稳定下来了。

2024 年 3 月 31 日：开头难

今天在家里瞎晃了好一会儿，然后送大白去洗澡。我在星巴克为自己点了杯拿铁发呆，想着目前书的内容渐渐丰富了起来，那怎么给书开头呢？

是从人们关心的情绪话题开始？还是从"先有鸡还是先有蛋"开始？有点抑郁了。

不管了，先做好手头这几篇，答案会慢慢出来。

2024 年 4 月 2 日：今天开始吧

从上一篇完成到现在已经过了一周，我好像什么都没干。

今天做了体检，脂肪肝没了，身体还都正常，挺好的。老天已经对我很好了。身体健康，家庭幸福，当下有喜欢的事情在做，有对未来的憧憬，可以了。回家开始工作吧！

2024 年 4 月 4 日：改变的悖论

《改变的悖论》这一篇准备了好久。一旦开始动笔，很多灵感就慢慢出来了。比如在漫画中加入了胡萝卜的角色，代表"更好的自己"。我喜欢这个隐喻的设计。

好东西需要在时间里沉淀和发酵，也需要一个"开始"的行动。也许写《改变的悖论》的过程就是为了让我再次体验改变的悖论——允许自己不变，从不变里慢慢生出改变。

2024 年 4 月 20 日：体验式阅读工作坊

今天，终于结束了《改变的悖论》这一篇。从 4 月 4 日一直写到今天，共经历了 17 天。说实话，这一篇对我的挑战在于——把"更好"与"改变"的关系处理好，保持叙事的中立。

我发现，这本书是我与读者的对话，或者说是读者以阅读的方式与我共创的体验式工作坊。这样的形式我还挺喜欢的。

2024 年 4 月 29 日：这本书的结尾

昨天我收获了一个灵感，就是书的结尾可以像心理咨询一样收尾。比如，我会问读者：你会带着什么进入下一段旅程？

我在想，这本书不仅仅是一本书，更是一个陪伴读者去体验理性与感性相互转换、合作的旅程。

感觉这本书渐渐有了自己的生命，与我有了连接。

2024 年 5 月 1 日：松弛感

昨天在 4 月的私享会（我的成长小组活动）上，我分享的议题是松弛感。我的观点是：当一个人活在自己的韵律里时，就会体验到优雅的松弛感。

写书也是这样，这本书有它的韵律，我想带给读者的就是温暖与松弛感，不那么紧张、刻意。

现在的我就是在跟随这本书的韵律起舞。

2024 年 5 月 19 日：写这本书，我的重点是什么

晚上翻开《一个人的朝圣》，哈罗德问自己：我这次旅程的重点是什么？

我也想问自己同样的问题：我这次写书的重点是什么？我指的不是书的重点，而是写书的过程对我的意义是什么？

我想重点应该有以下几个：

· 梳理总结自己的心理学观、哲学观、实践观，并通过这本书将它们融合在一起；

· 体验理性和感性的融合与对抗；

· 尝试插图、漫画、文字的综合表达，我很享受这个部分；

· 体验创作的过山车，灵感从无到有，做选择的过程很挣扎，但很有趣；

· 创造松弛感，学习如何与灵感合作，捕捉当下的灵感，实施、完成、放下；如果期待的灵感没有出现，那是因为我还没有准备好，灵感知道什么时候出现最合适。

2024 年 5 月 24 日：故事开始自己生长了

昨天完成了《保持适度焦虑》的章节。原方案是鱼钩在比目鱼嘴上，但比目鱼说话会很别扭，就把鱼钩移到了比目鱼的背鳍上。

顺着这个挂在比目鱼身上的鱼钩，我又完成了《问题故事 & 力量故事》。

我感觉故事已经开始自己生长，不由我来控制了。

回到这本书的功能，它算不上是一本全面、系统解析心理学的书，更像是一本随手可以翻看的焦虑者生存攻略。

2024 年 6 月 19 日：自在

刚刚花了不到一小时写完了《追求"自在"的不自在》。灵感来自今天下午与 HW 关于"如何做自己"的对话，还挺有意思的。她说她要像我一样做自己，而我告诉她，她已经是她自己了。

说回现在的进度，一定是慢的，比我预期的慢，但每天都会前进一点点。还是要以松弛感为基调，这本书有自己的节奏，要允许书自在生长，急不得。

2024 年 7 月 7 日：我发现我写了个怪物

早上和太太聊天，我告诉她，从去年 10 月到今年春节，我一直在构思、整理这本书的大纲，这是个很痛苦的过程。今年 3 月后，我决定把大纲丢一边，随心写，只写自己想写的，这让我很开心。不按照大纲写，是个破坏的过程，也让我没有了束缚。以这样的工作方式走到现在，我发现，我都不知道自己写了个啥，好像是写了个怪物。

太太用画家办画展的过程举例回应我，画家不会为画展画画，而是享受画的过程。比如，画家画了 100 张画，如果要准备一个画展，就从这 100 张里挑 20 张，不会把 100 张都放上去。

这个说法对我的帮助是，我现在就是用自己喜欢的方式不断实验，表达自己的内心世界，产出的只能算是作品，直到我把内心想说的都说完，再由编辑把这些内容整理好，才是成品。

先放下这是一本书的想法，只是把想表达的表达出来吧。

2024 年 7 月 17 日：见编辑

今天下午，我实在忍不住约了编辑鲁老师。因为我发现现在这种天马行空的写法虽然让我一时爽，但如果没有一个框架来约束我，我都不知道我会被这些内容带到哪里去。

我告诉鲁老师，我写了个怪物出来。

鲁老师看完我已经写好的内容，说："你得自己先编一稿。"

这个回答让我确认，是时候回归书的大纲，接受框架带给我的限制了。

2024 年 7 月 22 日：回归限制也是突破限制

和鲁老师开完会后，我一直处于失落和无力的状态。停了一天，完成了《拿起来，才能放下》，感觉还可以。又晃了一天，用两天的时间完成了《硬币的两面》，这一篇有点接近绘本的效果，好开心，一下子能量恢复满格。

今天下午我问自己，这本书里最极致的那条线是什么？答案是：鱼和鱼缸，体验者、观察者、觉悟者的角色切换。这个答案是个里程碑，价值一个亿，是"限制"带给我的礼物！

我发现一个秘密，这次回归大纲的过程帮我打破了我对限制的"认知限制"。

2024 年 7 月 30 日：框架

昨天把已经完成的内容打印出来，包括最早写的三篇。我一直认为这三篇只是试水，还不太满意，但把它们与其他的作品放在一起后，感觉还可以，以后找时间再做一些调整就好了，暂时我也找不到更好的替代方案。

昨天深夜，我把所有完成的内容做了排序，插在活页夹里。

今天上午花时间通读了几遍，感觉挺好的。这些内容好像是我把自己这十年的经历做了串联，用另外的方式再次讲述一遍。心里有数了，不慌了，干起来。

7 月的我一边享受自由自在的创作，一边感受没有边际带来的不确定感。我发现，自由与限制并不对立，而是完整地共存。

2024 年 8 月 17 日：酝酿

我发现，每次动笔前，我都需要酝酿一段时间，进入轻微的焦虑状态，短则一两天，长则一两周，到某一刻，有了能量再动笔。

而且，每次停顿之后再动笔，好像文字、插图的风格和以前比会有一些不同。

2024 年 8 月 26 日：新的突破

我花了 9 天干完了《私人经验与认知盲区》《我和我脑袋里的鱼》，共 12 页。

通过写这两篇，我搞清楚了三点：

· 私人经验和认知盲区的关系，它们不是界限分明的鱼缸内外关系，而是认知盲区包含私人经验，但一个人对未知世界的定义会影响他对私人经验的判断。

· 坚定了整本书的模型——通过体验者、观察者、觉悟者三个角色转换进行鱼缸实验。所谓"坚定"，就是之前我还有一点不确定、犹豫的感觉，现在定了。

· 这个模型定了，那么鱼和鱼缸的形象就是这本书的视觉化符号。

2024 年 10 月 11 日：先生活，再创作

前些天看了一个对设计师的采访视频，收获了一个观点——先生活，再设计；用在我这里也很合适——先生活，再创作。

刚刚花了一个半月的时间完成了三篇，这期间我要出差，要上课，要讲课，要出去玩儿，其实啥都没耽误。我承认这是我现在的节奏。这样的节奏很舒服，不着急，有的时候确实一天下来没啥进展，但也会接受这个现实。

允许自己没进展，过几天，就有了新的灵感。

2024 年 11 月 4 日：舍不得完成

大概是从 10 月 24 号开始，断断续续写了 10 天，到今天终于把《破筐效应》这一篇写完了，准确地说是画完了。这篇的难度在于：

1. 文字的挑战：这一篇内容比较绕，理解起来很晦涩，需要不断地调整文案，力求将知识点讲得简单、准确，这花了我不少的时间。

2. 插图的挑战：这一篇的场景、构图更复杂，既有大的全景，又要考虑筐的中近景细节。幸运的是，这些问题在我想到用网格手工纸后就都解决了，画面还多了拼贴画的手工感。

《破筐效应》应该是这本书的倒数第二篇，我也不知道自己是不是舍不得完成，才故意拖延。最近我花了很多时间在刷手机、购物、试各种衣服。我猜，我是害怕完成这一篇后，就要进入这本书的最后一篇，也许我还没有准备好面对来自最后一篇的挑战。或者，我只是自己吓唬自己，可能那个挑战也没有想象中的那么大。

2024 年 11 月 12 日：压力的来源

《小乌云》这一篇我拖了好久，迟迟没有动手。昨天终于开始整理文案。究竟是做成大绘本，还是小漫画？目前有点模糊。

刚刚看了前面所有的创作笔记，感觉自己这一路走下来真的不容易，但收获好大。

说说现在的发现吧。前一阵子使劲儿买衣服，感觉自己慌慌张张的，不安定，原因在于我太重视这一篇了，毕竟它是整个创作过程的最后一篇。但我今天又有了新的觉察，其实，它也只是我诸多创作中的一篇而已，未来我还会有好多作品。这样想，就放松了。

还有一个压力来自我是"情绪伙伴图卡"的作者这个身份。这个身份让我在做《小乌云》这篇时有"不要辜负大家期待"的压力，不像做其他作品那么放松。

但这种状态怎么可能把《小乌云》做好呢？别忘了，温暖和松弛才是我的风格。还是回归读者的阅读体验本身吧，以读者的体验为重。讲清楚，讲好玩儿，讲得自己喜欢就好。

2024 年 12 月 5 日：哇，我的潜力

明天就要出差去上海了，写书的工作要暂时停下来。

到今天，《小乌云》这篇已经完成了 10 页。这篇有点玩儿大了，都可以当大绘本了！但不管怎么说，《小乌云》算是把我的潜力拉到了新的高度。我都没想到自己还可以做到这么好！我不仅仅可以画小漫画，还可以讲大故事，画大作品。

从进度上说，一方面觉得自己太慢了，比原计划 11 月 30 日的截止日期又要往后拖至少半个月。看样子要等到 12 月底才能交稿了；另一方面，我也在练习顺着自己的节奏，或者顺着这本书的节奏。

我不想给自己压力了，就这样吧。

2024 年 12 月 19 日：完成第一稿

终于到了这本书的重要里程碑——我完成了第一稿的文字、插图、排版。当然，排版和编排不是我能决定的，这一稿只代表我目前的能力和想法，最后还要看编辑的反馈。

迫不及待地把这个好消息发给鲁老师，收到了她的恭喜。不过，她也说这是一半的稿子，我猜她是在暗示我后面还有一半的工作要做，也许是他们要付出更多，也许我还要继续地投入时间和精力。

说一下这一篇《小乌云》的创作感受，我查了一下，应该是从 11 月 21 日开始写的，到现在已经过去接近一个月。

《小乌云》的故事达到了空前的 26 页。这个篇幅让我很有顾虑：编辑会不会认为故事太长是个问题，要求我改短？为此我几乎失眠了一整夜，但第二天我就想，管他呢，先按照我的想法画爽了再说。再者，现代人大多是用碎片时间看书，即使是 26 页的绘本也不是什么大部头，有个两三分钟就读完了。

这一版的挑战还在于画风的变化，因为故事不再是四格漫画的样式，而是整版一幅画，人物有大特写，画风需要做写实处理，而全景的人物还是维持更简单、扁平的风格。目前看，两种风格融合在一起，效果还不错。

再说一下叙事的挑战。这一篇的故事讲的是伊莫和小乌云的关系，故事的情感起伏比较大。碍于篇幅的限制，很多情感的表达和故事信息必须浓缩在一张画面中。为此我花了不少心思，结果还是令我满意的。

这一篇还有一个挑战，故事有了更丰富的场景。我借鉴了戏剧舞台的表现方式，用台阶来代表伊莫和小乌云的关系演变过程。这样的设计比较讨巧，最终效果还是挺好的。

很开心，《小乌云》把我讲故事的综合能力完全挑战了出来：构图、故事、人物关系、故事中的情绪节奏、环境、道具、配角（马斯特），都要考虑。好开心自己过了这一关，我对自己有了更大的信心。

● **2025年1月2日：感谢、感恩、祝福**

2024年我忙着写书。这个过程帮助我看见了我与焦虑的关系：当找不到出路的时候我会进入焦虑状态，然后慢慢地适应焦虑，等待灵感。原来，焦虑其实是我灵感到来的先兆。

感谢2024年，在这一年里，我发现相对的"慢"是我可以把控的、舒服的节奏。

2025年，我的愿景词是"慢""少""拙"。

感谢我生命中的每一段经历、我遇到的每一个人，帮助我成为现在的自己。感谢我自己，把10年前一个朦朦胧胧的梦变成了现实。

参考文献：

①肯尼斯·格根：《酝酿中的变革》，心灵工坊2014年版，第77页。

②《眼泪的冷知识》部分摘录、整理自人民网《流眼泪可以排出身体内的毒素，是真的吗？》。

③戴维·曼恩：《完型治疗100个关键点与技巧》，化学工业出版社2023年版，第19页，第71页。

④罗伯特·弗里茨：《最小阻力之路》，华夏出版社2021年版，第30页。

⑤保罗·瓦茨拉维克、约翰·威克兰德、理查德·菲什：《改变：问题形成和解决的原则》，教育科学出版社2007年版，第10—12页。

实验人：如花大叔

就这样做一个
一边焦虑一边热爱生活
的大叔吧！

我的自画像 2025-5-26

你的鱼缸实验报告

为自己创造一个不被打扰的时间和空间,完成下面这份属于你的"鱼缸实验报告"。

- 你脑袋里的鱼(观念)喜欢这本书吗?喜欢哪里?不喜欢哪里?可以说说原因吗?

- 读完这本书,你的鱼发生了哪些变化?这些变化是怎么来的?鱼的哪些地方没有改变?是什么维持了鱼的不变?

- 如果现在请你给这条鱼重新起一个名字,你会怎么称呼它?

- 这本书哪个部分令你印象深刻？为什么？

- 通过读这本书，你对自己有怎样的发现？如果带着这些发现回到生活，你的生活会发生怎样的变化？

- 如果邀请你用三个词来形容这本书，你会用哪三个词？为什么？试着用这三个词来形容一下自己，你又会对自己有怎样的发现？

- 你会怎么感谢读完这本书的自己？

实验人：

02 我和我妈

我要将这本书献给我的妈妈。

我生命里最大的关系功课就是如何与我那容易焦虑的妈妈相处。换一种说法,我不知道该如何与妈妈的焦虑相处。在我眼里,妈妈就是一团巨大的焦虑气体,每当我靠近这团气体,我都会不由自主地被卷进去,无法呼吸,至今还是这样。

我把这本书献给我的妈妈,不是要用这本书去改变她。也许在过去的很长一段时间里我确实有"改变"她的想法,但现在没有了。因为我知道,妈妈的焦虑不是她的错,而是她在她的世代学习到的爱的方式,她做了她能做的一切,她只能用她知道的方式来做妈妈,来爱我。

面对妈妈的焦虑(爱),我经历了从对抗、失败、承认到接受的过程。写这本书让我有机会重新审视我与焦虑的关系,竟意外看懂了我与焦虑的妈妈的关系。我特别想感谢妈妈把这么宝贵的焦虑特质传递给我,虽然至今我还不知道如何面对妈妈的焦虑情绪,但我一直在练习与自己的焦虑相处,并将这些练习带给我的心得体会写成书,分享给更多的人。

我想对妈妈说:我爱你,妈妈,感恩你带给我及这个世界的一切。

读完了这本书，
下面我该怎么做？

你来决定！

？！

……

请等一下!

请对自己及这个世界
保持善意和好奇!

你有什么话可以送给我吗?